绵阳师范学院科研启动项目（QD2019A06）
科技部重点研发项目（2018YFC0604200）　联合资助

砂岩型铀矿的微生物
成矿作用与研究实例

MICROBIAL MINERALIZATION IN SANDSTONE-
HOSTED URANIUM DEPOSITS AND A CASE STUDY

赵　龙　蔡春芳　金若时 / 著

U0209699

中国环境出版集团 · 北京

图书在版编目（CIP）数据

砂岩型铀矿的微生物成矿作用与研究实例/赵龙，蔡春芳，金若时著. —北京：中国环境出版集团，2022.7
ISBN 978-7-5111-5164-3

Ⅰ．①砂…　Ⅱ．①赵…②蔡…③金…　Ⅲ．①砂岩型铀矿床—生物成矿—成矿作用—研究　Ⅳ．①P619.140.1

中国版本图书馆 CIP 数据核字（2022）第 092933 号

出 版 人　武德凯
责任编辑　韩　睿
责任校对　薄军霞
封面设计　岳　帅

出版发行　中国环境出版集团
　　　　　（100062　北京市东城区广渠门内大街 16 号）
　　　　　网　　址：http://www.cesp.com.cn
　　　　　电子邮箱：bjgl@cesp.com.cn
　　　　　联系电话：010-67112765（编辑管理部）
　　　　　发行热线：010-67125803，010-67113405（传真）
印　　刷　北京中献拓方科技发展有限公司
经　　销　各地新华书店
版　　次　2022 年 7 月第 1 版
印　　次　2022 年 7 月第 1 次印刷
开　　本　787×960　1/16
印　　张　12.25
字　　数　199 千字
定　　价　56.00 元

前　言

　　铀作为重要的能源矿产和战略资源,对经济发展和国家安全起着重要作用。然而,近年来国际铀市场持续低迷,铀资源持续供不应求。2017—2018 年,全球铀产量下降近 11%。截至 2019 年 1 月 1 日,全球 30 个国家共有 450 座商业核反应堆并网发电,净装机容量为 396 GW,年度铀需求量约为 59 200 t,而 2018 年的铀产量仅为 53 516 t,仅能满足 90%的需求,不足部分只能依靠二次铀资源。预计到 2040 年,全球与核反应堆相关的年度铀需求量将增至 56 640~100 224 t。在当前 30 个使用商业核能发电站的国家中,只有加拿大和南非的铀产量能满足国内铀的需求量。我国铀矿资源较丰富,开采成本低于 260 美元/kg,已查明的原地铀资源量共 344×10³ t,占全球铀资源总量的 3.3%,居世界第九位。然而,我国的铀产量远不能满足需求量。2018 年,我国 46 个运营核反应堆的总装机容量为 42.9 GW,每年铀需求量为 8 100 t,而当年的铀产量仅为 1 620 t。预计到 2035 年需求量将增至 14 400~20 500 t。因此,加快铀资源的勘探开发势在必行。

　　铀矿床类型在地球上的演化可分为四个主要时期,砂岩型铀矿形成于具有多氧化还原障的以大陆硅质碎屑沉积为主的第四个时期。在 15 种主要铀矿床中,砂岩型铀矿是当前最具经济价值的铀矿资源,在全世界有超过 400 个大型矿床，其开采成本低于 260 美元/kg 和低于 130 美元/kg 的合理确定资源量分别占全球铀资源总量的 25%和 26%。自 2014 年起，我国砂岩型铀矿的铀产量逐年增加，2016—2018 年其产量在全国所有类型铀矿中的比重均在 60%以上。砂岩型铀矿还具有开采成本低、经济效益好和污染小等优点，是目前铀矿勘探的重点对象。因此，加强对砂岩型铀矿的研究对促进全球铀矿资源的勘探开发、保障核电产业的有效供给、维持国家能源和经济安全都具有重要意义，是我国实现"双碳"目标和调整能源结构的有力支撑。

砂岩型铀矿至今已有近 200 年的勘探和研究历史，其含矿地层一般埋藏浅、地温低且富含有机质，具有潜在的微生物铀成矿的有利条件。砂岩型铀矿中生物铀矿化现象被发现已有 60 余年，其中以实验研究微生物酶促还原 U（Ⅵ）理论来探讨砂岩型铀矿的微生物铀成矿机理有 20 多年。铀的微生物还原作用是核污染地下水的生物修复技术中最热门的研究领域，在实验室模拟和现场实地试验中都已展开了广泛研究，在理论和实践应用中都有很大突破。然而，由于砂岩型铀矿的形成环境远比实验室条件复杂，并且在长久的地质演化中经历了不断的改造，因此，从真正的铀矿床中研究微生物成矿作用困难重重。

基于笔者多年从事砂岩型铀矿的微生物成矿作用研究工作，本书以地质学研究中"将今论古"的思想为指导，结合具体实例总结了砂岩型铀矿的微生物成矿作用。本书分为上、下两篇。上篇是理论综述，介绍了世界铀资源的现状，概述了砂岩型铀矿的基本情况，梳理了实验室条件下微生物对 U（Ⅵ）的还原性富集和非还原性富集机理，归纳出地质条件下微生物参与砂岩型铀矿成矿的直接证据和间接证据。下篇是砂岩型铀矿的微生物成矿作用研究实例,以松辽盆地钱家店铀矿为例,综合含矿砂岩的矿物组合特征,铀矿物的类型、分布、元素组成特征和年龄,成矿流体的特征和类型,以上篇中的理论为依据论证了该铀矿中存在的微生物成矿作用,阐明了其成因机理,建立了成矿模式。最后对比了中国北方典型砂岩型铀矿的特征,探讨微生物铀矿化作用的普遍潜在性,以期为指导我国砂岩型铀矿成矿机理研究和勘探找矿工作提供一定的帮助。

本书在编辑过程中参考了国内外大量的文献,并在书后详细列出。本书中研究实例的完成得到了中国科学院地质与地球物理研究所、中国地质调查局天津地质调查中心、辽河油田新能源开发公司等诸多单位和领导的大力支持,中国环境出版集团为本书的编辑出版更是尽心竭力,在此表示衷心的感谢!

虽然书稿经过多番修改,但限于笔者精力和水平,本书还有很多不足之处,敬请广大读者批评指正。

作　者

2021 年 11 月于绵阳

目　录

下篇　砂岩型铀矿的微生物成矿作用在松辽盆地钱家店铀矿床中的研究实例，及其在中国北方典型铀矿床中的普遍潜在性探讨

上　篇

铀资源及砂岩型铀矿的
微生物成矿作用

第1章 铀资源现状

1.1 世界铀资源现状

经济合作与发展组织（Organization for Economic Co-operation and Development，OECD）的核能机构（Nuclear Energy Agency，NEA）与国际原子能机构（International Atomic Energy Agency，IAEA）于2020年联合发布了最新的世界铀资源、生产和需求情况报告，并对铀的长期供需问题进行了探讨（NEA-IAEA，2020）。

1.1.1 铀资源

截至2019年1月1日，全球已查明可开采铀资源（Identified Recoverable Resources）总量中开采成本低于260美元/kg的资源总量达到 $8\,070.4\times10^3$ t，其中合理确定资源量（Reasonably Assured Resources）和推断资源量（Inferred Resources）分别为 $4\,723.7\times10^3$ t 和 $3\,346.4\times10^3$ t（表1-1），已查明铀资源主要集中在澳大利亚、哈萨克斯坦、加拿大、俄罗斯、纳米比亚、南非、巴西、中国和尼日尔等国（图1-1、图1-2）。开采成本低于130美元/kg的已查明铀资源前16位国家的资源总量占全球铀资源总量的95%。

表1-1 全球不同开采成本的已查明可开采铀资源量（2019年）　　　　单位：10^3 t

资源类别	已查明可开采资源	合理确定资源	推断资源
开采成本＜260美元/kg	8 070.4	4 723.7	3 346.4
开采成本＜130美元/kg	6 148.3	3 791.7	2 355.7
开采成本＜80美元/kg	2 007.6	1 243.9	763.6
开采成本＜40美元/kg	1 080.5	744.5	335.9

资料来源：NEA-IAEA（2020）。

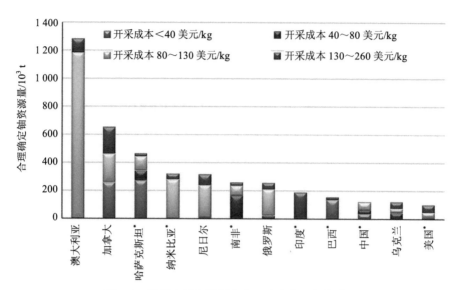

图 1-1 世界主要富铀国家合理确定资源的构成

注：*为 NEA-IAEA 估计或部分估计。

资料来源：NEA-IAEA（2020）。

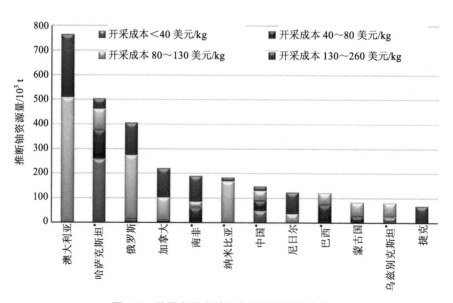

图 1-2 世界主要富铀国家推断资源的构成

注：*为 NEA-IAEA 估计或部分估计。

资料来源：NEA-IAEA（2020）。

澳大利亚的铀资源最为丰富，已查明资源量高达 $1\,692.7\times10^3$ t（开采成本＜130 美元/kg），占全球开采成本低于 130 美元/kg 已查明铀资源的 28%。在澳大利亚全国已查明铀资源中，超过 64% 来自世界级的奥林匹克坝铀矿。哈萨克斯坦开采成本低于 80 美元/kg 和低于 40 美元/kg 的铀资源，分别占世界总量的 49% 和 36%。

此外，截至 2019 年 1 月 1 日，全球待查明铀资源量为 $7\,220.3\times10^3$ t。非常规资源是未来潜在供应的另一来源，目前总量达 $39\,000\times10^3$ t。

1.1.2 铀生产

2017—2018 年，全球铀产量下降近 11%，2019 年略增 1%。由于铀市场持续低迷，近年来包括加拿大和哈萨克斯坦在内的主要铀生产国总产量均有所下降。随着 2020 年年初全球新冠肺炎疫情的暴发，全球铀产量大幅削减。

2018 年有 16 个国家开展了铀生产，全球总产量为 53 516 t。2019 年全球总产量略增至 54 224 t，主要是澳大利亚、哈萨克斯坦和尼日尔增产的结果（表 1-2）。受世界铀市场持续低迷的影响，哈萨克斯坦的产量持续增长止于 2017 年，不过直到 2019 年其仍然是产铀量最大的国家（图 1-3），尽管产量在 2017 年回落至 23 391 t，2018 年持续回落至 21 705 t，但哈萨克斯坦 2018 年、2019 年产量均高于当年第二（加拿大）、第三（澳大利亚）和第四（纳米比亚）产铀国的总产量之和。

表 1-2 2016—2019 年世界主要铀生产国铀产量

国家	年度铀产量/t			
	2016 年	2017 年	2018 年	2019 年
澳大利亚	6 313	5 882	6 526	6 613
加拿大	14 039	13 130	6 996	6 944
中国	1 650	1 580	1 620	1 600
捷克	138	64	34	39
法国	3	2	0	2
德国	45	34	0	30
匈牙利	4	3	5	3
印度*	385*	400*	400*	400*
伊朗	8	15	20	21
哈萨克斯坦	24 689	23 391	21 705	22 808

国家	年度铀产量/t			
	2016 年	2017 年	2018 年	2019 年
纳米比亚	3 593	4 221	5 520	5 103
尼日尔	3 478	3 484	2 878	3 053
巴基斯坦*	45*	45*	45*	45*
俄罗斯	3 005	2 917	2 904	2 900
南非	490*	308*	346*	346
乌克兰	808	707	790	750
美国	979	442	277	67
乌兹别克斯坦	3 325	3 400	3 450	3 500
总和	62 997	60 025	53 516	54 224

注：*为 NEA-IAEA 估计或部分估计。

资料来源：NEA-IAEA（2020）。

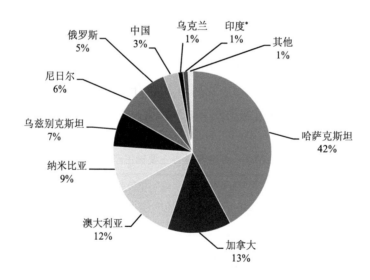

图 1-3　2019 年世界主要铀产量按国家分布占比

注：*为 NEA-IAEA 估计或部分估计。

资料来源：NEA-IAEA（2020）。

1.1.3　铀需求

在可预见的未来，随着全球能源需求的增加，以及对清洁能源转型需求的不断增加，核电装机容量将不断增加。各地区间与反应堆有关的铀需求差异很大，这反映了预计增加的核电装机容量和可能的库存建设，预计年度铀需求量在东亚地区最大。更多国家和地区认识到核电可保障电力供应安全及核电的可靠性和可预测性，并促进对所有类型的低碳技术进行改进，这是预计核电装机容量大幅增长的关键条件，因此，铀需求也将获得更大增长。

截至 2018 年年底，全球 30 个国家共有 450 座商业核反应堆并网发电，净装机容量为 396.3 GW，年度铀需求量约为 59 200 t（表 1-3，图 1-4、图 1-5）；此外还有 55 座核反应堆正在建设中。鉴于一些国家政策的变化和核计划的修订，到 2040 年，预计世界核电净装机容量在低需求情况下将达到 354 GW，在高需求情况下将达到 626 GW 左右（表 1-4）。因此，预计到 2040 年全球与核反应堆相关的年度铀需求量（不包括混合氧化物燃料）将增至 56 640~100 224 t（表 1-5）。

表 1-3　世界核电情况

国家	运行核反应堆数量/座	净装机容量/GW	2018 年铀需求量/t†	在建核反应堆数量/座
阿根廷	3	1.6	115	1
亚美尼亚	1	0.4	60	0
孟加拉国	0	0	0	2
白俄罗斯	0	0	0	2
比利时	7	6	630	0
巴西	2	1.9	400	1
保加利亚	2	1.9	300*	0
加拿大	19	13.6	1 760	0
中国	51	47.3	7 570*	13
捷克	6	3.9	795	0
芬兰	4	2.8	430	1
法国	58	63.1	7 370	1
德国	7	9.5	1 420	0
匈牙利	4	1.9	325	0
印度	22	6.3	1 100	7
伊朗	1	0.9	160	0

国家	运行核反应堆数量/座	净装机容量/GW	2018 年铀需求量/t+	在建核反应堆数量/座
日本	38	36.5	1 180*	2
韩国	24	22.4	3 800	5
墨西哥	2	1.6	420	0
荷兰	1	0.5	65	0
巴基斯坦	5	1.3	210*	2
罗马尼亚	2	1.3	230	0
俄罗斯	36	27.3	5 000	6
斯洛伐克	4	1.8	290*	2
斯洛文尼亚	1	0.7	150	0
南非	2	1.8	290*	0
西班牙	7	7.1	910	0
瑞典	8	8.6	950	0
瑞士	5	3.3	385	0
土耳其	0	0	0	1
阿拉伯联合酋长国	0	0	0	4
乌克兰	15	13.1	2 480	2
英国	15	8.9	1 065	1
美国	98	99	19 340	2
总和	450	396.3	59 200	55

注：*为 NEA-IAEA 估计。+精确至 5 t。

资料来源：NEA-IAEA（2020）。

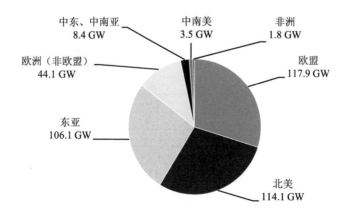

图 1-4　2018 年世界核电净装机容量分布

资料来源：NEA-IAEA（2020）。

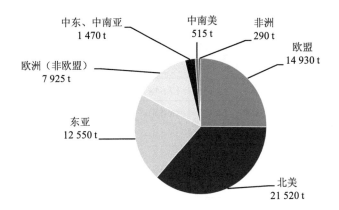

图 1-5　2018 年世界铀需求量分布

资料来源：NEA-IAEA（2020）。

表 1-4　世界主要地区核电净装机容量预测　　　　　　单位：GW

地区	2018 年	2025 年		2030 年		2035 年		2040 年	
		低需求	高需求	低需求	高需求	低需求	高需求	低需求	高需求
欧盟	117.9	97.1	103.4	86.6	110.3	62.8	109.5	61.1	108
北美	114.1	97.2	112.8	89.8	112.5	76.2	111.4	65	111.3
东亚	106.1	105.8	131.2	115.3	173.8	123.3	211.8	131.8	252.9
欧洲 （非欧盟）	44.1	43.8	47.2	42	58.8	44.9	63.1	43.7	66
中南美	3.5	3.2	3.5	4.5	5.6	7	9.7	6.4	10.7
中东、 中南亚	8.4	15.2	21.3	24	33.2	36.7	53.1	41.6	63.8
东南亚	0	0	0	0	0	0	0	1	3
非洲	1.8	1.8	1.8	3	4.2	2.4	8.7	3.4	10.7
总和	396	364	421	365	498	353	567	354	626

资料来源：NEA-IAEA（2020）。

表 1-5　世界主要地区核反应堆铀需求量预测 单位：t

地区	2018 年	2025 年		2030 年		2035 年		2040 年	
		低需求	高需求	低需求	高需求	低需求	高需求	低需求	高需求
欧盟	14 930	15 536	16 544	13 856	17 648	10 048	17 520	9 776	17 280
北美	21 520	15 552	18 048	14 368	18 000	12 192	17 824	10 400	17 808
东亚	12 550	16 928	20 992	18 448	27 808	19 728	33 888	21 088	40 464
欧洲（非欧盟）	7 925	7 008	7 552	6 720	9 408	7 184	10 096	6 992	10 560
中南美	515	512	560	720	896	1 120	1 552	1 024	1 712
中东、中南亚	1 470	2 432	3 408	3 840	5 312	5 872	8 496	6 656	10 208
东南亚	0	0	0	0	0	0	0	160	480
非洲	290	288	288	480	672	384	1 392	544	1 712
总和	59 200	58 256	67 392	58 432	79 744	56 528	90 768	56 640	100 224

资料来源：NEA-IAEA（2020）。

各地区的核电装机容量预测差异很大。预计到 2040 年东亚地区的增幅将达到最大（图 1-6），低需求和高需求情况下的装机容量较 2018 年将分别增加 24%和138%。尽管该地区的容量已显著增加，但该地区的国家（如中国）仍显示出拥有以可预测的成本和进度建设多座核反应堆的能力。预计欧洲大陆非欧盟成员国的核电装机容量也将大幅增加，在高需求情况下预计装机容量将达到 66 GW，较2018 年增加约 50%。预计核电装机容量将显著增长的其他地区包括中东、中亚和南亚；增幅相对较小的地区包括非洲、中美洲和南美洲，以及东南亚地区。

北美地区的预测显示，到 2040 年，低需求和高需求情况下的核电装机容量都将下降（图 1-6），这在很大程度上取决于未来电力需求、现有反应堆延寿以及政府在温室气体排放方面的政策。在欧盟，如果维持现行政策，预计到 2040 年核电装机容量在低需求情况下将下降 52%，在高需求情况下将下降 8%。

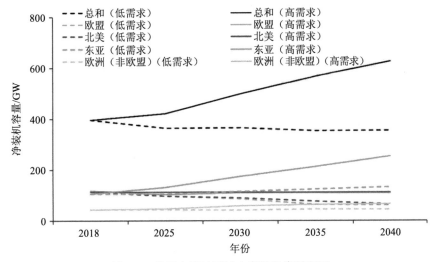

图 1-6　世界主要地区核电净装机容量预测

资料来源：NEA-IAEA（2020）。

　　与核电装机容量一样，铀需求也因地区而迥异，反映了预计增长的装机容量和可能的库存建设。预计年度铀需求量在东亚地区最大（图 1-7），该地区核电装机容量的增加将推动铀需求量的显著增长。

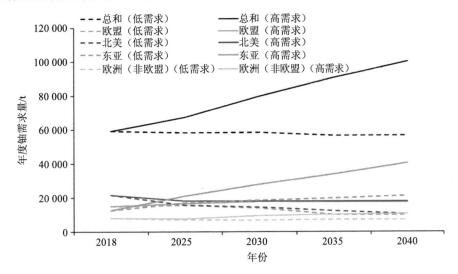

图 1-7　世界主要地区核反应堆铀需求量预测

资料来源：NEA-IAEA（2020）。

1.1.4　铀的供求关系

从 2018 年的数据来看，当前世界 30 个使用商业核能发电站的国家中，只有加拿大和南非的铀产量满足其国内铀的需求量（图 1-8），其他使用核能发电站的国家则必须依赖铀进口或者使用二次铀资源。二次铀资源包括过剩的政府和商业库存、乏燃料后处理回收的铀、贫铀再富集产生的铀，以及高浓铀稀释所产生的低浓铀。

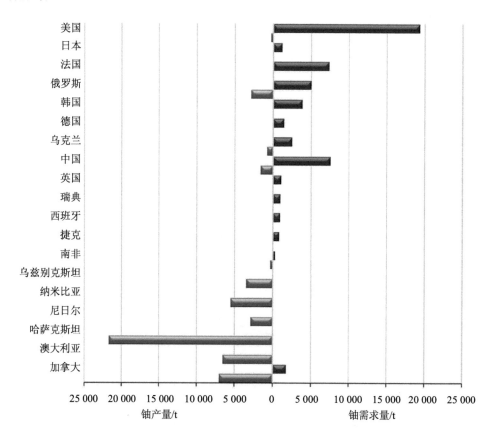

图 1-8　世界主要铀生产国的铀产量和铀消费国的核反应堆铀需求量

资料来源：NEA-IAEA（2020）。

从世界范围来看，2018 年铀产量能够满足世界核反应堆近 90%的需求，不足部分由二级供应源提供。当前全球已查明资源足够使用到 2040 年，但是需要及时投资以将资源转化为生产。

如果按计划发展，预计的主要铀生产能力，包括现有的、计划的和预期的铀生产中心，将满足到 2040 年预计的全部低铀需求和部分高铀需求。满足到 2040 年的高铀需求，需要消耗 2019 年成本低于 130 美元/kg 的已查明可开采资源总量的 28%左右，或是消耗约 87%的当前成本为 80 美元/kg 的已查明可开采资源。

1.2　中国铀资源

中国的铀矿勘探和开采始于 20 世纪 50 年代中期。20 世纪 90 年代之前，中国的铀资源勘探主要针对花岗岩和火山岩型的热液矿床，主要分布在江西、湖南、广东和广西。从 20 世纪 90 年代开始，中国启动了核能源计划，但由于核电站数量少，对铀的需求量并未大幅增加。20 世纪 90 年代中期到末期，随着沿海地区核能发电厂的增加，铀的需求量也持续增加。在这段时间，国家对铀资源勘探的经济支出也逐年增加，然而勘探项目数量和勘探区域依然有限。为了满足国家中长期核能发展对铀资源的需求，21 世纪初期，中国转变了铀资源勘探的目标，从传统的华南地区硬岩铀矿的矿井开采转变为针对北方地区中—新生代盆地的可原位浸出铀矿的开采，主要是砂岩型铀矿，在新疆的伊犁盆地、吐哈盆地、准噶尔盆地和内蒙古的二连盆地、鄂尔多斯盆地、松辽盆地陆续展开区域地质调查和钻探评价工作。2000—2006 年，勘探钻孔总深度逐年增加，从 40 000 m 增加到 250 000 m；自 2006 年开始，铀矿勘探的投入逐渐增加，钻孔总深度在 2012 年达到了 900 000 m。经过十多年的勘探，在伊犁盆地、鄂尔多斯盆地、二连盆地、松辽盆地、准噶尔盆地、塔里木盆地、巴音戈壁盆地、巴丹吉林盆地、柴达木盆地、海拉尔盆地和其他盆地的铀矿调查和评价工作取得了很大成功，发现了多个中—大型铀矿。

我国铀矿资源较丰富。截至 2019 年 1 月 1 日，中国开采成本低于 260 美元/kg 已查明的原地铀资源量共 $344×10^3$ t（表 1-6），占全球铀资源总量的 3.3%，居世界第九位，分布在 13 个省（自治区）的 21 个铀矿区（表 1-7），其中已查明可采资源 $269.7×10^3$ t，合理确定资源 $122.6×10^3$ t，推断资源 $147.1×10^3$ t，分别占全球铀资源总量的 3.3%、2.6%和 4.4%，分别居世界第九位、第十位和第七位。

表 1-6 中国铀资源情况（2019 年）   单位：10^3 t

资源类别	已查明原地资源	已查明可采资源	合理确定资源	推断资源
开采成本<260 美元/kg	344.0	269.7	122.6	147.1
开采成本<130 美元/kg	316.3	248.9	119.0	129.9
开采成本<80 美元/kg	192.6	154.2	64.5	89.7
开采成本<40 美元/kg	107.9	86.0	37.1	48.9

资料来源：NEA-IAEA（2020）。

表 1-7 中国已查明原地铀资源分布情况（2019 年）

序号	铀矿区位置		查明原地可采资源量/t
1	江西	相山	26 200
		赣州	28 900
		桃山	8 000
2	广东	下庄	11 600
		诸广南部	19 700
		河源	2 300
3	湖南	郴州	7 600
4	广西	资源	9 500
5	新疆	伊犁	42 700
		吐哈	10 100
6	内蒙古	鄂尔多斯	80 100
		二连浩特	52 100
		通辽	16 500
		巴音戈壁	7 500
7	河北	青龙	6 700
8	云南	腾冲	4 300
9	陕西	蓝田	1 200
10	甘肃	龙首山	1 450
11	浙江	大洲	2 100
12	辽宁	本溪	350
13	四川	若尔盖	5 100
总量			344 000

资料来源：NEA-IAEA（2020）。

在生产方面，2017 年中国铀产量为 1 580 t，2018 年为 1 620 t。

核电是中国坚持清洁、低碳和环境友好型发展原则的重要保障，是实现"双碳"目标的有力支柱，也是保证能源安全的重要产业。中国对核电增长需求仍旧强烈。2018 年，中国 46 个运营核反应堆的总装机容量为 42.9 GW，占全国总电力装机量的 2.35%，居世界第三位；当年全国核发电总量为 294.4 TW·h，占全国总发电量的 4.22%，比 2017 年增加了 18.96%。每年核电站的铀需求量约为 8 100 t。此外，截至 2019 年 1 月 1 日，中国共有 11 个核反应堆正在建设中。预计到 2030 年铀需求量将增长到 12 300～16 200 t，到 2035 年铀需求量将增长到 14 400～20 500 t。

第2章　砂岩型铀矿概述

2.1　砂岩型铀矿的地位

世界铀矿床可分为 15 种类型，包括砂岩型、多金属铁氧化物角砾岩型、元古代不整合面型、交代岩型、侵入岩型、古石英-卵石砾岩型、表生沉积型、火山岩型、磷酸盐岩型、碳酸盐岩型、花岗岩型、变质岩型、褐煤型、塌陷角砾岩型和黑色页岩型。砂岩型铀矿在全部铀矿中资源量最高，分别占开采成本低于 260 美元/kg 和开采成本低于 130 美元/kg 合理确定资源量的 25%和 26%（图 2-1）。

砂岩型铀矿在我国铀矿资源中占有举足轻重的地位。自 2014 年起，砂岩型铀矿的铀产量逐年增加，2016—2018 年其产量在全国所有类型铀矿中高居第一位（表 2-1），其比重均在 60%以上（图 2-2）。

表 2-1　2014—2018 年中国不同铀矿类型铀产量

铀矿床类型	产量/t				
	2014 年	2015 年	2016 年	2017 年	2018 年
砂岩型	480	530	1 000	1 050	1 070
花岗岩型	620	620	200	200	200
火山岩型	450	450	450	330	350
总和	1 550	1 600	1 650	1 580	1 620

资料来源：NEA-IAEA（2018，2020）。

此外，砂岩型铀矿还具有开采成本低、经济效益好和污染小等优点，是当前技术条件下具有最高采出经济效益的铀矿类型（Jaireth et al.，2015），被列为目前铀矿勘探的重点对象。因此，加强对砂岩型铀矿的研究，对促进全球铀矿资源的勘探开发、保障核电产业的有效供给、维持国家能源和经济安全都具有重要意义，是我国在新的能源结构与发展战略中的有力支撑。

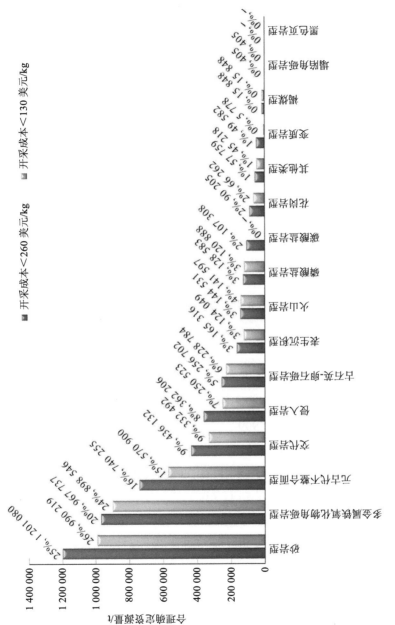

图 2-1　全球不同铀矿床类型的合理确定资源量及其占铀资源总量比例

资料来源：NEA-IAEA（2020）。

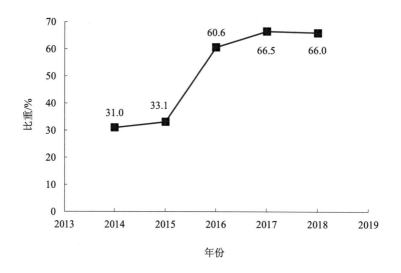

图 2-2　2014—2018 年中国砂岩型铀矿产量占总产量比重

2.2　砂岩型铀矿的基本特征

铀元素在地球表面的循环主要受络合作用和氧化还原反应的制约（图 2-3）（Langmuir，1978；Finch et al.，1999；闵茂中等，2003；Suzuki et al.，2006；冯晓异等，2007；Choudhary et al.，2015）。络合作用既可使 U 形成水溶态的迁移性离子，也可使 U 形成不可溶的铀矿物（Finch et al.，1999）。氧化还原反应对 U 的溶解性变化的影响主要与 U（Ⅵ）和 U（Ⅳ）的转变有关，当 U（Ⅵ）被还原为 U（Ⅳ）时，通常形成不可迁移的铀矿物，如沥青铀矿（UO_{2+x}）（Langmuir，1978）；反过来，当 U（Ⅳ）被氧化为 U（Ⅵ）时，通常形成易迁移的络合物，如铀酰离子（UO_2^{2+}）或铀酰离子络合物 [如 $UO_2(CO_3)_2^{2-}$]（Tokunaga et al.，2008；Spycher et al.，2011；Bhargava et al.，2015）。

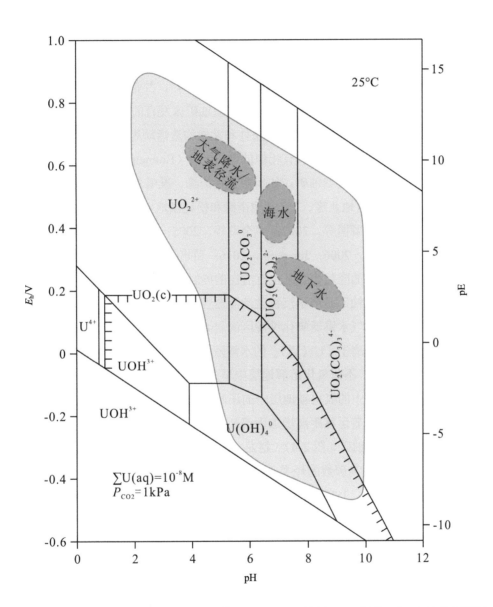

图 2-3 U-O_2-CO_2-H_2O 纯水体系（25℃、总压 100 kPa、地下水 CO_2 分压 1 kPa 中 U 的水溶离子类型 E_h-pH 图

资料来源：Langmuir（1997），Ewing et al.（2010），Newsome et al.（2014）。

砂岩型铀矿是世界上发现最早的铀矿类型之一（Granger et al.，1961），在世界各地广泛分布（Wanty et al.，1990；Derome et al.，2003；Yang et al.，2004；Xue et al.，2010）。铀矿体常赋存于中生代到第三纪的沉积岩中，成矿年龄新，且经历多期次矿化（夏毓亮等，2003；肖新建等，2004）。古亚洲洋造山带及其两侧的中—新生代沉积盆地是我国最重要的沉积型铀矿床发育的构造域（焦养泉等，2015），其形成受古气候、蚀源区铀源条件和盆地构造活动等多种因素影响。中国北方中—新生代陆内沉积盆地具有相似的地质条件（Bonnetti et al.，2017a），在盆地边缘发育了一系列砂岩型铀矿，如伊犁盆地南缘、准噶尔盆地东北缘、吐哈盆地西南缘、鄂尔多斯盆地北缘、二连盆地南缘和松辽盆地西南部（张如良等，1994；李怀渊等，2000；陈肇博等，2002；尹金双等，2005；窦继忠等，2005；欧光习等，2006；李胜祥等，2006；Jin et al.，2016；苗培森等，2017）。近年的勘探工作发现，在盆地内部的隆起边缘区也有潜在的砂岩型铀矿（Jin et al.，2016）。

通常认为砂岩型铀矿是产于沉积盆地渗透性砂岩内的一种外生矿床，其形成过程为：地表水或大气水淋滤氧化蚀源区的岩浆岩、变质岩等富铀岩石，形成富含易迁移的六价铀酰离子 [U（VI）] 的水溶液；这种含氧含铀流体沿着渗透性砂岩层向地层深部流动，不断氧化溶解地层中早先存在的 U(IV)，使流体中的 U(VI) 不断富集，同时流体中的氧也被地层中的还原性物质 [包括 U（IV）] 不断消耗；当流体的氧化能力随着运移距离增加而消耗殆尽，U（VI）被还原成 U（IV）而发生沉淀，从而形成铀矿（图 2-4）（赵龙，2018）。地层中潜在的还原性流体包括 H_2S、CH_4、腐殖酸及高碳数的烃类（Langmuir，1978；Curiale et al.，1983；张如良等，1994；Spirakis，1996；李怀渊等，2000；Cai et al.，2007a，2007b），还原性固体物质主要为四方硫铁矿、黄铁矿和植物碳屑（李盛富等，2004；Cumberland et al.，2016；Bonnetti et al.，2017a）。

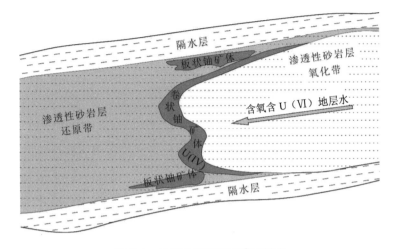

图 2-4　典型砂岩型铀矿成矿模式

资料来源：Ilger et al.（1987），Langmuir（1997），Yue et al.（2011），Cumberland et al.（2016）。

砂岩型铀矿体的常见形态有卷状和板状，品位通常较低（含铀 0.01%～0.40%）（肖新建，2004）。含矿砂岩层沿成矿流体运移方向存在氧化还原分带特征，总体可分为氧化带、氧化还原过渡带（矿化带）和原生带（Dahlkamp，1993；付勇等，2016）。自然界中的低温铀矿物以 U（VI）矿物为主，包括碳酸盐铀矿物、氧化物铀矿物、磷酸盐铀矿物、稀土元素铀矿物、硅酸盐铀矿物、硫酸盐铀矿物和钒酸盐铀矿物（表 2-2）（Cumberland et al.，2016），但砂岩型铀矿中的铀矿物主要为 +4 价的铀石 [$U(SiO_4)_{1-x}(OH)_{4x}$（Stieff et al.，1955，1956；Pointeau et al.，2009）或 $USiO_4 \cdot nH_2O$，$n \approx 2$（Janeczek et al.，1992a）] 和沥青铀矿（UO_{2+x}，$x = 0.25 \sim 0.30$），（Finch et al.，1999；Ram et al.，2013）。

表 2-2　自然界中主要铀矿物及其化学式

矿物名称			U 元素主要价态	化学式	参考文献
矿物类别	中文名	英文名			
碳酸盐铀矿物	水碳钠钙铀矿	Andersonite	+6	$Na_2K_3\,UO_3(CO_3)_3(H_2O)_6$	[1], [2]
	菱镁铀矿	Bayleyite	+6	$Mg_2UO_2(CO_3)_3(H_2O)_{18}$	[1], [2]
	碳钾铀矿	Grimselite	+6	$NaK_3UO_2\,(CO_3)_3H_2O$	[1], [2]
	铀钙石	Liebigite	+6	$Ca_2UO_2(CO_3)_3(H_2O)_{10}$	[1]
	菱铀矿	Rutherfordine	+6	UO_2CO_3	[1], [3]
	水钙镁铀矿	Swartzite	+6	$CaMgUO_2(CO_3)_3(H_2O)_{12}$	[1], [2]
	板菱铀矿	Schrockingerite	+6	$NaCa_3UO_2(CO_3)_3SO_4F(H_2O)_{10}$	[1], [2]
	水碳酸钙铀矿	Wyartite	+5	$CaU^{5+}(UO_2)_2(CO_3)O_4(OH)(H_2O)_7$	[4]
氧化物铀矿物	变水柱铀矿	Metaschoepite	+6	$UO_3(H_2O)_2$	[5]
	变水丝铀矿	Metastudtite	+6	$UO_4(H_2O)_2$	[1]
	沥青（晶质）铀矿	Pitchblende		U_3O_8　$U_2O_5 \cdot UO_3$	[6]
	柱铀矿	Schoepite	+6	$(UO_2)_8O_2(OH)_{12} \cdot 12H_2O$	[3], [5], [7]
	水丝铀矿	Studtite	+6	$UO_2O_2(H_2O)_4$	[1], [8], [9]
	沥青（晶质）铀矿	Uraninite	+4	UO_2	[10], [11]
磷酸盐铀矿物	钙铀云母	Autunite	+6	$Ca(UO_2)_2(PO_4)_2$　$Ca(UO_2)_2(PO_4)_2 \cdot 8\text{-}12H_2O$	[12], [13], [14]
	铁铀云母	Bassetite	+6	$Fe[(UO_2)_2(PO_4)_2](H_2O)_8$	[15]
	氢铀云母	Chernikovite	+6	$H_3(U_2O)PO_4(H_2O)_3$	[1]
	变钾铀云母	Meta-ankoleite	+6	$KUO_2PO_4(H_2O)_4$	[1]

矿物类别	矿物名称		U 元素主要价态	化学式	参考文献
	中文名	英文名			
磷酸盐铀矿物	变钙铀云母	Meta-autunite	+6	$[Ca(UO_2)_2(PO_4)_2(H_2O)_6]$	[8], [13], [14], [15]
	变铜铀云母	Meta-torbernite	+6	$[Ca(UO_2)_2(PO_4)_2 \cdot 8H_2O]$	[13]
	磷钙铀矿	Phosphuranylite-groups	+6	$KCa(H_3O)_3(UO_2)_7(PO_4)_4O_4 \cdot 8(H_2O)$	[16]
	水铀磷镁石	Saleeite	+6	$[Mg(UO_2)_2(PO_4)_2 \cdot 10H_2O]$	[17]
	铜铀云母	Torbernite	+6	$Cu[(UO_2)(PO_4)]_2 \cdot 10\text{-}12H_2O$	[8], [13], [18], [19], [17]
稀土元素铀矿物	铌钛铀矿	Betafite	+6	$(Ca,U)_2(Nb,Ti)_2O_6OH$	[20]
	钛铀矿	Brannerite	+6	$(U,Ca,Y,Ce,La)(Ti,Fe)_2O_6$	[20], [21]
	钛铈铀矿	Davidite	+6	$(La,Ce)(Y,U,Fe)(Ti,Fe)_{20}(O,OH)_{38}$	[20]
	矽铝铅铀矿	Kasolite	+6	$Pb(UO_2)(SiO_4)H_2O$	[1]
	铀石	Coffinite	+4	$USiO_4$	[15], [22], [23], [24], [25]
	硅镁铀矿	Sklodowskite	+6	$Mg[(UO_2)(SiO_3OH)]_2(H_2O)_6$	[1]
	黄硅钾铀矿	Boltwoodite	+6	$(Na,K)(UO_2)(HSiO_4) \cdot H_2O$	[1], [8], [26], [27]
	多硅钙铀矿	Haiweeite	+6	$Ca(UO_2)_2(Si_2O_5)_3(H_2O)_5$	[1]
硅酸盐铀矿物	硅铀矿	Soddyite	+6	$(UO_2)SiO_4(H_2O)_2$ $(UO_2)_2(SiO_4)(H_2O)_2$	[1], [26]
	水硅铀矿	Swamboite	+6	$U^{6+}(UO_2)_6(SiO_3OH)_6(H_2O)_{30}$	[25]
	硅钙铀矿	Uranophane	+6	$Ca(UO_2)_2Si_2O_7 \cdot 6H_2O$ $Ca_2(UO_2)_2(SiO_3OH)_2$ $Ca(UO_2)_2(SiO_3)(OH)_2 \cdot 5H_2O$ $Ca(H_3O)_2(UO_2)_2(SiO_4)_2(H_2O)_3$ $Ca(UO_2)_2(HSiO_4)_2 \cdot 5H_2O$	[1], [3], [6], [20], [26], [28]

矿物名称			U元素主要价态	化学式	参考文献
矿物类别	中文名	英文名			
硫酸盐	铀铁矾	Deliensite	+6	$Fe(UO_2)_2(SO_4)_2(OH)_2(H_2O)_3$	[15]
	铀铜矾	Johannite	+6	$Cu(UO_2)_2^{-}(SO_4)_2(OH)_2 \cdot H_2O$	[25]
铀矿物	水硫铀矿	Uranopilite	+6	$(UO_2)_6SO_4O_2(OH)_6(H_2O)_6 \cdot 8H_2O$	[27]
	水铀矾	Zippeite	+6	$Mg,Co,Ni,Zn,Na,K,$ $NH_4(UO_2)_6(SO_4)_3(OH)_{10}(H_2O)_x$	[1], [29], [30]
	钒钾铀矿	Carnotite	+6	$K_2(UO_2)_2(VO_4)_2$ $K(UO_2)_2(VO_4)_2 \cdot 13H_2O$ $K_2(UO_2)_2(V_2O_8) \cdot 3H_2O$	[3], [21], [31], [32], [33]
钒酸盐	钒铅铀矿	Curienite	+6	$Pb_2(UO_2)_2(V_2O_8) \cdot 5H_2O$	[32]
铀矿物	钒铝钡铀矿	Francevillite	+6	$Ba,Pb(UO_2)_2(V_2O_8) \cdot 5H_2O$	[32]
	变钒钙铀矿	Metatyuyamunite	+6	$Ca(UO_2)_2(V_2O_8) \cdot 3H_2O$	[32]
	钒钠铀矿	Strelkinite	+6	$Na_2(UO_2)_2(V_2O_8) \cdot 6H_2O$	[32]
	钒钙铀矿	Tyuyamunite	+6	$Ca(UO_2)_2(VO_4)_2 \cdot 5\text{-}8H_2O$ $Ca(UO_2)_2(V_2O_8) \cdot 9H_2O$	[3], [6], [20], [32], [33], [34]
	水钒铝铝铀矿	Vanuralite	+6	$Al(OH)(UO_2)_2(V_2O_8) \cdot 3H_2O$	[32]

资料来源: Cumberland et al., 2016。[1]Gorman-Lewis et al., 2008a; [2]O'Brien et al., 1983; [3]Langmuir, 1978; [4]Burns et al., 1999; [5]Gorman-Lewis et al., 2008b; [6]Alloway, 2013; [7]Elless et al., 1998; [8]Burns, 2005; [9]Burns, 2011; [10]Finch et al., 1999; [11]Ram et al., 2013; [12]Ray et al., 2011; [13]Locock et al., 2003; [14]Gorman-Lewis et al., 2009; [15]Deditius et al., 2008; [16]Cumberland et al., 2016; [17]Murakami et al., 1997; [18]Burns et al., 1997; [19]Wylie et al., 2012; [20]Bowell et al., 2011; [21]Fayek et al., 2011; [22]Özkendir, 2010; [23]Pointeau et al., 2009; [24]Dreissig et al., 2011; [25]Gorman-Lewis et al., 2007; [26]Shvareva et al., 2011; [27]Burns, 2001; [28]Jouffret et al., 2010; [29]Brugger et al., 2003; [30]O'Brien et al., 1981; [31]Locock et al., 2004; [32]Frost et al., 2005; [33]Tokunaga et al., 2009; [34]Tokunaga et al., 2012。

2.3　砂岩型铀矿的微生物矿化说

　　砂岩型铀矿的含矿层中普遍富含碳质碎屑，且铀矿物常与黄铁矿相伴出现（闵茂中等，2003b），因此，长期以来，人们认为砂岩型铀矿中含铀流体是被渗透性砂岩层中的陆生生物碎屑及其在成岩过程中释放出的腐殖酸所还原的（Hansley et al.，1992），或者是被低温条件下生物成因的硫化物（如黄铁矿）所还原（Rackley，1972；Reynolds et al.，1982，1983；Mohagheghi et al.，1985）。在此过程中，即便存在微生物活动，对铀成矿也只是起间接作用。例如，产生细菌成因的硫化物。

　　然而，H_2S 和黄铁矿对 U（VI）的还原都是极缓慢的。现代的亚氧化海相盆地中含有硫化物的水体并未与 U（VI）发生反应（Anderson，1987；Anderson et al.，1989；Zheng et al.，2002），低温（<30℃）模拟实验中 U（VI）也不能被还原性硫还原（Lovley et al.，1991；Abdelouas et al.，1998）。Goldhaber 等（1987）的实验表明，只有当 U（VI）的浓度远高于自然界中 U（VI）的浓度时，H_2S 才能还原 U（VI），即 H_2S 还原 U（VI）需要 U（VI）预富集到一定浓度。同样，只有在相对高温（>120℃）的条件下，有机质才能直接还原 U（VI）；而在低于 120℃ 条件下，有机质只能吸附或者络合固定铀酰离子，对 U（VI）的还原效率极低（Nakashima et al.，1984；Lovley et al.，1992a；Abdelouas et al.，1998）。

　　早在 20 世纪 60 年代，就有学者通过实验发现了微球菌 *Micrococcus lactilyticus* 在氧化 H_2 的同时能还原很多的高价金属化合物，如砷、铋、硒、碲、铅、铊、钒、锰、铁、铜、钼、钨、锇、金、银和铀，其中高价的 U（VI）在微生物作用下被还原为 U（IV）（Woolfolk et al.，1962）。后来，Lovley 等（1991）通过实验首次揭示某些细菌能在将 U（VI）还原为 U（IV）的过程中获得生长能量，从而拉开了研究微生物铀成矿作用的帷幕。

　　铀的微生物还原作用当前最热门的研究领域是应用于核污染地下水的生物修复技术（Roh et al.，2015；周洪波等，2015；张健等，2018），这在实验室模拟（Wilkins et al.，2007；Begg et al.，2011；Law et al.，2011）和现场实地试验（Istok et al.，2004；Wu et al.，2007；Williams et al.，2011）中都已展开了广泛研究，其核心思想是为微生物提供适当的电子供体（有机质），使水溶态的 U（VI）被微生物酶促还原为不溶的 U（IV）（Newsome et al.，2014）。然而，自然界中砂岩型铀矿的形成环境远比实验室条件复杂，并且在长久的地质演化中经历了不断的改造，从真正的铀矿床中研究微生物铀成矿作用困难重重，大多数较为可信的研究也只是基于铀矿物的形态学特征（Milodowski et al.，1990；Min et al.，2005a，2005b）。后来 Cai 等（2007b）从矿物形态学、铀矿物纳米晶体组成、生物元素（如 P）、矿化期黄铁矿的硫同位素和石油烃生物标志化合物等方面对鄂尔多斯盆地沙沙圪台铀矿床的成因进行研究，首次为真正的砂岩型铀矿的微生物成矿作用提供了综合的、强有力的矿物学和地球化学证据（Cuney，2010）。基于这种研究思想，近年在松辽盆地钱家店铀矿床中也证实了微生物铀成矿作用的存在（详见本书下篇）（Zhao et al.，2018）。

第3章　微生物对铀的富集作用

　　研究砂岩型铀矿的微生物成矿作用需将实验室模拟实验得出的理论作为支撑。作为研究微生物和铀相互作用最为全面和深入的领域，核污染水环境的微生物修复研究为探索实际地质条件下砂岩型铀矿的微生物成矿机理提供了有力的理论指导。在核污染水环境的微生物修复研究领域中，微生物对铀的富集作用通常被分为微生物还原作用、微生物表面吸附作用、微生物表面络合沉淀作用和细胞内积聚作用四种（图3-1）（Newsome et al.，2014；张健等，2018），其中第一种是微生物对 U（Ⅵ）的还原性富集，是四种富集机理中研究最为深入的一种；后三种是微生物对 U（Ⅵ）的非还原性富集。

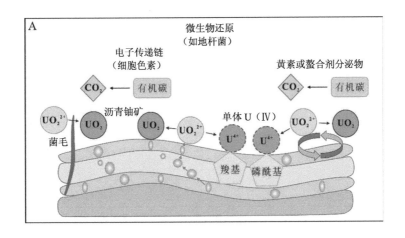

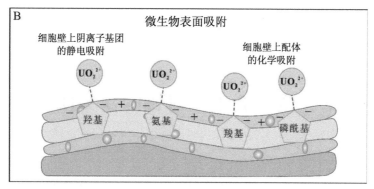

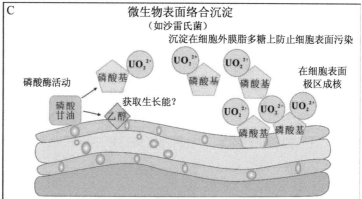

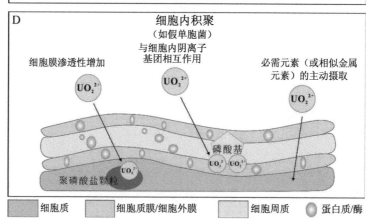

图 3-1　微生物对铀的富集机理示意图

注：绿色箭头指示电子传递方向；黑色箭头指示物质转移或转化方向。

资料来源：Lovley et al.（1991），Bernier-Latmani et al.（2010），Brutinel et al.（2012），Williams et al.（2013），Beveridge et al.（1980），Gadd（2009），Macaskie et al.（1992，2000），Beazley et al.（2011），Choudhary et al.（2011），Newsome et al.（2014）。

3.1 微生物对 U（Ⅵ）的还原性富集

在无氧条件下，细菌在呼吸作用中可利用的电子受体有很多种，根据获取能量的有利性程度，电子受体的氧化还原电位越高就越可优先获取电子（Nealson et al.，1997；Suzuki et al.，2006）。微生物在地层水中，优先选择硝酸盐作为呼吸作用的无机电子受体，然后依次是 Mn（Ⅳ）、Fe（Ⅲ）和硫酸盐，最后是 CO_2 还原产生的甲烷。然而，在某些特殊的环境中，比如系统富含有机质时，硝酸盐和金属的还原，或金属和硫酸盐的还原也会同时发生（Madden et al.，2007；Williams et al.，2011；Newsome et al.，2014）。

微生物对 U（Ⅵ）的还原是指细胞通过自身特定的酶促作用，将易迁移的 U（Ⅵ）还原为稳定的 U（Ⅳ）矿物（图 3-1A）（张健等，2018），该机制的发现是受 Mn（Ⅳ）和 Fe（Ⅲ）等金属生物还原作用的启发。Myers 等（1988）最早利用湖泊沉积物中分离出来的厌氧细菌交替单胞菌 *Alteromonas putrefaciens* strain MR-1（后来被划归为希瓦氏菌 *Shewanella oneidensis* MR-1）（Venkateswaran et al.，1999）进行实验，发现它在氧化有机质的同时以 Mn（Ⅳ）作为唯一的代谢电子受体将其还原为 Mn（Ⅱ）。紧随其后，Lovley 等（1988）利用河流沉积物中分离纯化的厌氧细菌 GS-15（后来被命名为地杆菌 *Geobacter metallireducens*）（Lovley et al.，1993a）进行实验，证实它在将电子供体醋酸盐氧化的同时还原了水铁矿中的 Fe（Ⅲ），生成了磁铁矿和蓝铁矿，并同时将 Mn（Ⅳ）还原为 Mn（Ⅱ），在这些过程中获得生长能量。在 pH 近中性的条件下，U 与 Mn、Fe 具有相似的氧化还原对，异化 Fe（Ⅲ）还原菌交替单胞菌 *Alteromonas putrefaciens* strain MR-1 和地杆菌 *Geobacter metallireducens* 都能以 U（Ⅵ）作为呼吸作用的电子受体，将其还原为不溶的 U（Ⅳ）（Lovley et al.，1991）。自此，微生物还原 U（Ⅵ）的机理及其在核污染环境的微生物修复领域的应用研究正式拉开序幕（Newsome et al，2014）。

经过近 30 年的研究，已有大量微生物被证实能酶促还原 U（Ⅵ），其中原核生物占主要地位（Williams et al.，2013），具有系统发育多样性的原核生物就超过 25 种（图 3-2）（Suzuki et al.，2006；何颖等，2014）。与一些希瓦氏菌 *Shewanella* spp.

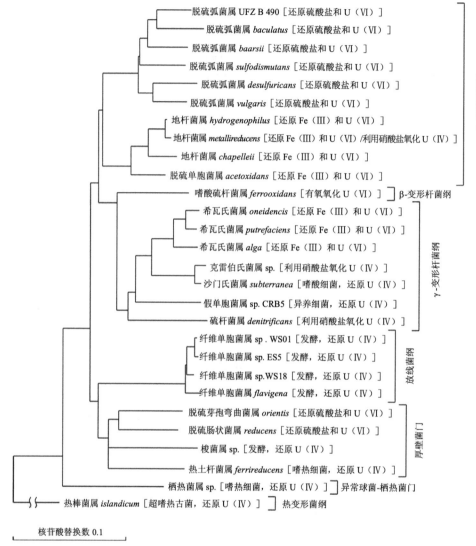

图 3-2 酶促还原或氧化 U 的微生物种类系统发生关系图

资料来源：Suzuki et al.（2006）。

相同，硫酸盐还原细菌脱硫弧菌 *Desulfovibrio desulfuricans* 和 *Desulfovibrio vulgaris* 是依靠活性的细胞色素 C 将 U（VI）异化还原成沥青铀矿的（Lovley et al.，1992a，1992b，1993a）。其他能酶促还原 U（VI）的细菌还有脱硫芽孢弯曲菌属 *Desulfosporosinus*（Suzuki et al.，2002，2003）、革兰氏阳性的一些梭菌 *Clostridium* spp.（Francis et al.，1994；Suzuki et al.，2003；Madden et al.，2007）和纤维单胞菌 *Cellulomonas* spp.（Sani et al.，2002；Sivaswamy et al.，2011）、热土杆菌 *Thermoterrabacterium ferrireducens*（Khijniak et al.，2005）、一些厌氧黏细菌 *Anaeromyxobacter* spp.（Sanford et al.，2007）、类芽孢杆菌属 *Paenibacillus*（Ahmed et al.，2012），以及异常球菌属 *Deinococcus*、脱硫微杆菌属 *Desulfomicrobium*、脱硫肠状菌属 *Desulfotomaculum*、假单胞菌属 *Pseudomonas*、热棒菌属 *Pyrobaculum*、沙门氏菌属 *Salmonella*、韦荣氏球菌属 *Veillonella*、热厌氧杆菌属 *Thermoanaerobacter* 和栖热菌属 *Thermus*（Wall et al.，2006）等，但这些细菌并非都能在酶促还原 U（VI）的过程中获得生长能量（Merroun et al.，2008）。以 U（VI）作为唯一电子受体的细菌有希瓦氏菌 *Shewanella oneidensis*、地杆菌 *Geobacter metallireducens*、地杆菌 *Geobacter lovleyi*、地杆菌 *Geobacter sulfurreducens*、脱硫肠状菌 *Desulfotomaculum reducens*、热土杆菌 *Thermoterrabacterium ferrireducens* 和厌氧黏细菌 *Anaeromyxobacter dehalogenans*（Lovley et al.，1991；Tebo et al.，1998；Khijniak et al.，2005；Wall et al.，2006；Sanford et al.，2007；Newsome et al.，2014）。

　　细胞将电子从供体转移到受体［如 U（VI）］的转移机理备受争议，不同属种的细菌可能有不同的电子转移机理。目前一致认为一些希瓦氏菌 *Shewanella* spp. 不需要直接与电子受体接触，而一些地杆菌 *Geobacter* spp.则需要。U（VI）可以在某些环境条件下大量溶解，继而扩散并与细胞直接接触而接收到电子。此外，细菌也可以将电子传递给固态的电子受体，如 Fe（III）或以吸附态/沉淀形式存在的 U（VI）。例如，在低溶解度的 U（VI）矿物中，铀铵磷石［$(NH_4)(UO_2)(PO_4) \cdot 3H_2O$］能被热土杆菌 *Thermoterrabacterium ferrireducens* 还原（Khijniak et al.，2005）；变水柱铀矿（$UO_3 \cdot 2H_2O$）能被希瓦氏菌 *Shewanella putrefaciens* CN32 还原（Fredrickson et al.，2000），吸附于天然土壤中的 U（VI）（Begg et al.，2011；Law et al.，2011）以及吸附于人造或天然铁矿物上的 U（VI）（Jeon et al.，2004）也能被微生物还原。因此，细菌一定具有某些传递电子的机制，将电子从细胞代谢中心转移到外围的细胞质膜、细胞周质、细胞外膜（革兰氏阴性细菌），甚至是细胞外部。这就需要有电子传递介质，如细胞色素、黄素，或是通过细胞表面具有传导性的附属结构，如菌毛。电子在细胞外的传递范围除了常规的纳米尺度，在海洋沉积物中已经发现有厘米尺度的胞外传递（Nielsen et al.，2010；Pfeffer et al.，2012）。U（Ⅵ）的生物还原机理至今并未完全被人们知悉，尤其是电子穿梭体和菌毛等电子传递介质的作用。U（Ⅵ）向 U（Ⅳ）转变需要被传递两个电子，但至今尚不确定细菌能否直接实现这种传递（Newsome et al.，2014）。此外，Woolfolk 等（1962）利用微球菌 *microccus lactilyticus*、Renshaw 等（2005）利用地杆菌 *Geobacter sulfurreducens* 研究发现，U（Ⅵ）首先被还原为不稳定的 U（Ⅴ），然后 U（Ⅴ）发生歧化反应最终形成 U（Ⅳ）。

3.1.1　细胞色素

细胞色素 C 是希瓦氏菌 *Shewanella* 和地杆菌 *Geobacter* 将电子从细胞质膜传递到外膜的主要蛋白质（Lovley et al.，1993a；Richter et al.，2012）。脱硫弧菌 *Desulfovibrio vulgaris* 中细胞色素 C3 很早就被发现是一种 U（Ⅵ）还原酶（Lovley et al.，1993b）。希瓦氏菌 *Shewanella* 中细胞色素 C 也与含生物成因的沥青铀矿的胞外聚合物有密切关系（Marshall et al.，2006）。Wall 等（2006）通过希瓦氏菌 *Shewanella* 中细胞色素 C 的含量变化、不含特定细胞色素的细菌突变体以及相应的基因组测序实验，证实细胞色素 C 在希瓦氏菌 *Shewanella* 还原 U（Ⅵ）的过程中起了重要作用。希瓦氏菌 *Shewanella* 的突变体实验同时也发现，虽然细胞中的细胞色素、醌类和结构蛋白质为 U（Ⅵ）还原提供了最佳还原途径，但它们也不是还原 U（Ⅵ）的必需物质，这表明微生物还原 U（Ⅵ）的过程中电子转移途径是多样的（Newsome et al.，2014）。以希瓦氏菌 *Shewanella oneidensis* MR-1 酶促还原 U（Ⅵ）为例（图 3-3），烟酰胺腺嘌呤二核苷酸（NADH）脱氢酶将代谢产生的电子传递给辅酶甲基萘醌类（MQ），电子再经由固定于细胞质膜上的四血红素细胞色素（*CymA*）传递到细胞周质中，被十血红素细胞色素（*MtrA*）直接或间接（通过四血红素细胞色素 *Cct*）接收，之后 *MtrA* 再将电子传递给细胞外膜的结构蛋白质（*MtrB*）或十血红素细胞色素［*MtrC*（*OmcB*）、*OmcA*］。在此过程中，游离、吸附或进入细胞周质的 U（Ⅵ）都可能作为电子受体而被还原（Beliaev et al.，

2001；Wall et al.，2006）。

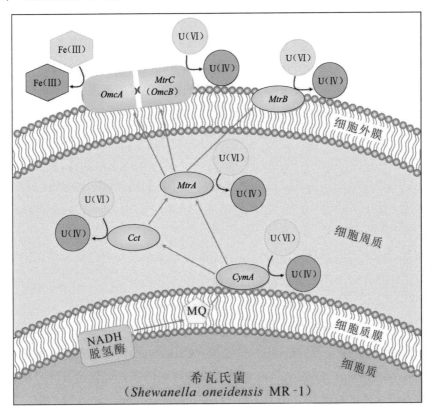

图 3-3　希瓦氏菌酶促还原 U（Ⅵ）的电子传递途径

注：NADH 为还原态烟酰胺腺嘌呤二核苷酸；MQ 为甲基萘醌类；*CymA* 为固定于细胞质膜上的四血红素
细胞色素；*Cct* 为细胞周质的四血红素细胞色素；*MtrA* 为细胞周质的十血红素细胞色素；*MtrB* 为细胞外膜
的结构蛋白质；*MtrC*（*OmcB*）为细胞外膜的十血红素细胞色素；*OmcA* 为细胞外膜的十血红素细胞色素。

绿色箭头指示电子传递方向；黑色箭头指示物质转移或转化方向。

资料来源：Beliaev et al.（2001），Wall et al.（2006）。

同样地，地杆菌 *Geobacter sulfurreducens* 中细胞周质的细胞色素 C 和外膜的
细胞色素 C 对 U（Ⅵ）的还原均起了重要作用（Newsome et al.，2014）。突变菌
株实验表明，细胞周质的细胞色素 C *PpcA* 是电子从供体（醋酸盐）到 U（Ⅵ）传
递的中间介质（Lloyd et al.，2003）。去除细胞外膜的细胞色素 C *OmcE*、*OmcF*、

GSU3332、*GSU1334* 后，地杆菌 *Geobacter sulfurreducens* 突变体对 U（VI）的还原能力相对原生菌株均下降了 50%～60%，而去除细胞周质中的细胞色素 C *MacA* 致使细菌还原 U（VI）的能力下降 98%（Shelobolina et al.，2007）。另一个地杆菌 *Geobacter sulfurreducens* 的突变菌株实验发现，为了让突变菌株还原 U（VI）的速率显著低于原生菌株，需要去除五种最丰富的细胞色素的基因（Orellana et al.，2013）。然而，Shelobolina 等（2007）的实验也发现，并非所有的细胞色素 C 都能还原 U（VI），比如去除细胞外膜的细胞色素 C *OmcB* 和 *OmcC* 后，地杆菌 *Geobacter sulfurreducens* 突变体还原 U(VI)的能力与原生菌株相比并未明显改变；细胞周质中也只有细胞色素 C *MacA* 才能将电子从细胞质膜传递至细胞周质，继而有效地还原 U（VI），而去除细胞色素 C *PpcA*、*PpcB*、*PpcC*、*PpcD*、*PpcE* 后的突变体对 U（VI）的还原能力与原生菌株基本相当。

与革兰氏阴性细菌相比，虽然革兰氏阳性细菌缺乏细胞外膜及相应的细胞色素，但在呼吸作用中仍旧可以将高价金属元素作为电子受体（Williamson et al.，2013；Newsome et al.，2014）。例如，*Thermincola potens* 在呼吸作用中能以细胞质膜、细胞周质及其肽聚糖细胞壁中富含的细胞色素 C——多元血红素为介质，将电子传递给水铁矿，使 Fe（III）被还原（Carlson et al.，2012）；一氧化碳嗜热菌 *Carboxydothermus ferrireducens* 细胞表面的细胞色素 C 能促进其呼吸作用中把电子传递给水铁矿而将 Fe（III）还原（Gavrilov et al.，2012）。无独有偶，革兰氏阳性细菌热土杆菌 *Thermoterrabacterium ferrireducens* 还能将溶解度极低的磷铵铀矿［$(NH_4)(UO_2)(PO_4) \cdot 3H_2O$］的 U（VI）作为电子受体，还原得到 U（IV）矿物水磷钙铀矿［$CaU(PO_4)_2 \cdot H_2O$］（Khijniak et al.，2005）。

上述现象表明，参与 U（VI）还原的细胞外表面细胞色素是多种多样的，其类型可能与细胞外的电子受体类型有对应关系。然而，鉴于自然界地下水中 U 含量很低，只依靠特定的细胞色素来还原固定 U（VI）甚至形成规模性铀矿是不太现实的，需要多样的细菌和细胞色素（Lovley，2011；Cason et al.，2012；Williams et al.，2013；Newsome et al.，2014）。

3.1.2 菌毛

细菌呼吸作用中另一种重要的电子传递途径是通过"纳米导线"——菌毛和

鞭毛,这种方式可介导远距离的电子传递(马金莲等,2015;Newsome et al.,2014)。鞭毛具有运动机能,与利用电子穿梭体相比,细胞利用鞭毛向胞外物质传递电子更节省能量。地杆菌 *Geobacter metallireducens* 细胞外侧的菌毛和鞭毛对不溶的 Fe(III)氧化物的还原作用已有过研究(Childers et al.,2002),地杆菌 *Geobacter* 的菌毛具有高导电性,被认为是细胞向铁氧化物表面(固态)传递电子的有利介质(Gavrilov et al.,2012),缺乏菌毛的突变体只能还原溶解态的柠檬酸盐中的 Fe(III),而无法还原固态的 Fe(III)氧化物(Reguera et al.,2005)。在此过程中,地杆菌 *Geobacter* 菌毛上的细胞色素 C *OmcS* 是细胞和 Fe(III)氧化物之间传递电子的必备物质(Mehta et al.,2005;Leang et al.,2010;Lovley,2011)。

同样,菌毛也是微生物还原 U(VI)的一种重要介质。Cologgi 等(2011)发现,当地杆菌 *Geobacter sulfurreducens* 的菌毛基因正常表达时,U(VI)的还原速率和程度都大大增加,并且还原得到的 U(IV)沿着菌毛沉淀,认为这是一种阻止细胞周质矿化、保护细胞活性的机制。然而,Orellana 等(2013)利用同类菌株实验所得的结论却与之相对,由去除菌毛基因的突变体和菌毛导电性低的突变体还原得到的 U(IV)只比原生菌株略少一些,并且原生菌株还原得到的 U(IV)也没有沿着菌毛沉淀,而是沉淀在细胞外膜上,由此认为菌毛对于溶解态的胞外电子受体而言并不重要。细菌通过菌毛向 U(VI)传递电子的机理仍有待深入研究(Williams et al.,2013;Newsome et al.,2014)。

3.1.3　电子穿梭体

电子穿梭体是一种能作为电子载体的、具有可逆的氧化还原特性的物质(马金莲等,2015)。根据来源,电子穿梭体有内生和外生之分。内生电子穿梭体是微生物产生并分泌到细胞外的物质,如黄素类(von Canstein et al.,2008)和黑色素(Turick et al.,2002)等;外生电子穿梭体是环境中天然存在或人工合成的物质,如含硫化合物、醌类物质和腐殖质等(Lovley et al.,1996;马金莲等,2015)。

Fe(III)是希瓦氏菌 *Shewanella* 呼吸作用中重要的电子受体,为了能利用固态的 Fe(III)氧化物,希瓦氏菌 *Shewanella* 能释放螯合物使之溶解,并释放电子穿梭体来作为电子胞外传递的介质(Lovley et al.,2004)。例如,希瓦氏菌 *Shewanella oneidensis* MR-1 释放的核黄素和黄素单核苷酸是向低溶解度的 Fe(III)氧化物转移电子的重要方式（Marsili et al.，2008；von Canstein et al.，2008；Newsome et al.，2014）。同样，电子穿梭体对于 U（Ⅵ）的生物还原也有重要意义，希瓦氏菌 *Shewanella* 也能利用黄素单核苷酸将 U（Ⅵ）还原为 U（Ⅳ）（Suzuki et al.，2010）。

3.1.4 微生物还原 U（Ⅵ）的产物

早期的研究利用 X 射线衍射（X-ray Diffraction，XRD）和透射电子显微镜（Transmission Electron Microscope，TEM）分析得到微生物还原 U（Ⅵ）的黑色矿物沉淀为沥青铀矿（UO_2）（Abdelouas et al.，1998；Lovley et al.，1992a；Suzuki et al.，2002），它在细胞外表面和细胞周质中均有沉淀（Lloyd et al.，2002；Suzuki et al.，2002），其纳米级的矿物颗粒也借助高分辨率透射电子显微镜（High Resolution Transmission Electron Microscope，HRTEM）和 X 射线吸收光谱（X-ray Absorption Spectroscopy，XAS）得以鉴别（Suzuki et al.，2002，2003；Burgos et al.，2008；Schofield et al.，2008；Jiang et al.，2011）。自然界中另一种常见的 U（Ⅳ）矿物铀石（$USiO_4 \cdot nH_2O$）比沥青铀矿更不容易被氧化，在 U（Ⅵ）的生物还原实验中尚未出现过（Newsome et al.，2014）。此外，Khijniak 等（2005）利用一种革兰氏阳性细菌热土杆菌 *Thermoterrabacterium ferrireducens* 将不溶的 U（Ⅵ）矿物磷铵铀矿 $[(NH_4)(UO_2)(PO_4) \cdot 3H_2O]$ 还原为 U（Ⅳ）矿物水磷钙铀矿 $[CaU(PO_4)_2 \cdot 2H_2O]$，这是继沥青铀矿之后学术界发现的另一种 U（Ⅵ）微生物还原产物。更重要的是，这说明铀矿区和铀污染区早期形成的铀酰磷酸盐矿物存在进一步被还原的可能性（Bernier-Latmani et al.，2010）。除了水磷铀钙矿外，后来又有 $U_2O(PO_4)_2$、$U_2(PO_4)(P_3O_{10})$ 等 U（Ⅳ）矿物被发现（Bernier-Latmani et al.，2010；Newsome et al.，2014）。

近年来，通过 XAS 又发现了另一种 U（Ⅵ）的生物还原产物（Kelly et al.，2008；Bernier-Latmani et al.，2010；Fletcher et al.，2010；Boyanov et al.，2011；Cologgi et al.，2011；Sharp et al.，2011；Latta et al.，2012）。这种物质以 U（Ⅳ）与羧基或磷酸根配体络合，呈现非晶质、无序的状态，被称作单体 U（Ⅳ）（Bernier-Latmani et al.，2010）。正因单体 U（Ⅳ）的非晶质特征，它比沥青铀矿更容易被氧化（Newsome et al.，2014）。

综合前人研究成果，通过实验得到的 U（Ⅵ）生物还原产物中，沥青铀矿形成于介质简单的培养系统中（Lloyd et al.，2002；Suzuki et al.，2002），而在复杂介质的培养系统中更容易形成单体 U（Ⅳ）。例如，介质中加入磷酸盐（Boyanov et al.，2011）或加入天然沉积物（Kelly et al.，2008，2009；Sharp et al.，2011；Alessi et al.，2012；Newsome et al.，2014）。鉴于单体 U（Ⅳ）与沥青铀矿在结晶度上的显著差异和由此导致的稳定性差异，可以猜想：①实验得到的沥青铀矿是否会随着时间的推移而提高结晶度？②单体 U（Ⅳ）是否会在一定条件下经历熟化而形成有序的沥青铀矿？目前，学者们的实验结果并未印证这些猜想。Madden 等（2012）利用热厌氧杆菌 *Thermoanaerobacter* 还原 U（Ⅵ）和 FeOOH 混合物，实验 3 个月已形成纳米级的沥青铀矿晶粒，但之后实验持续了 3～4 年，这些晶粒的结晶度也未增加。另外，Bargar 等（2013）在钻孔沉积物原位中进行实验，微生物还原 U（Ⅵ）后得到了丰度相当的单体 U（Ⅳ）和沥青铀矿，但历时 1 年之后二者的丰度并未发生变化。

　　实验体系中 U（Ⅵ）初始种类的差异也是导致其生物还原产物差异的因素（Newsome et al.，2014）。在没有磷酸盐的体系中，碳酸铀酰络合离子基本都是阴离子 [如 $UO_2(CO_3)_2^{2-}$、$UO_2(CO_3)_3^{4-}$]，经微生物还原后形成 U（Ⅳ）碳酸盐矿物；而电中性的铀酰络合物（如 UO_2CO_3）和带正电荷的铀酰离子（UO_2^{2+}）及其络合物在微生物还原后则形成游离态的 U（Ⅳ），继而形成沥青铀矿（Boyanov et al.，2011）。细菌的细胞壁结构也影响着生物还原 U（Ⅵ）产物的种类。在细菌呼吸作用中，革兰氏阴性细菌（如厌氧黏细菌 *Anaeromyxobacter*）细胞外膜上的还原酶可以直接将生理电子传递给吸附在细胞外围的中性或阳性铀酰络合物；而革兰氏阳性细菌（如脱亚硫酸菌 *Desulfitobacterium*）由于缺少细胞外膜而不具备这种机制，它们很可能是依靠可溶性的中间介质（如电子穿梭体）将电子传递给带负电荷的溶解态碳酸铀酰离子（Boyanov et al.，2011）。然而，另有观点与之相对，Carlson 等（2012）实验得出革兰氏阳性细菌 *Thermincola potens* strain JR 细胞壁上丰富的细胞色素多元血红素能还原固态的水铁矿；Gavrilov 等（2012）发现革兰氏阳性细菌一氧化碳嗜热菌 *Carboxydothermus ferrireducens* 也需要与水铁矿直接接触才能利用细胞壁上的细胞色素 C 来还原 Fe（Ⅲ），而并未依靠分泌螯合物或使用电子穿梭体。

3.2 微生物对 U（Ⅵ）的表面吸附作用

吸附作用（Sorption）是一种物质附着于另一种物质的物理—化学过程（Fomina et al.，2014），其中的生物吸附作用（Biosorption）甚是复杂，可分为生物表面吸附（Bioadsorption）和生物吸收（Bioabsorption）（Gadd，2009；Fomina et al.，2014）。生物表面吸附作用是微生物细胞借助微生物特有的纳米复合特性，利用细胞表面带负电荷的基团或胞外聚合物等固定金属元素（图 3-1B）。革兰氏阳性细菌和革兰氏阴性细菌的细胞被膜均带有负电荷，因而能吸引金属阳离子（汤葵联，1992；Newsome et al.，2014）。细胞表面的有机配体，如羧基、氨基、羟基、磷酸酯和巯基基团能通过化学吸附作用键合金属离子（Beveridge et al.，1980；Newsome et al.，2014）。细菌通过表面吸附作用固定的 U（Ⅵ）可达 45～615 mg/g 细胞干重（Suzuki et al.，1999）。

关于生物吸附作用在核废水处理方面的应用存在两大对立观点。一种观点认为，生物吸附作用是最适合用于处理中低金属离子浓度废水的方式，因为细胞将金属离子键合在细胞表面的速率要高于将其摄入细胞内部的速率，并且键合在细胞表面的金属元素比较容易被清除，可实现生物吸附剂的循环利用（Schiewer et al.，2000）。另一种观点认为，生物吸附作用在核污染环境的生物修复中并不适用，因为金属在细胞表面的解吸速率与吸附速率相当，并且核废水中存在的多种阳离子会争夺细胞表面的键合位点，细胞表面会因快速饱和而丧失吸附能力（Schiewer et al.，2000）。目前基于微生物表面吸附作用的生物修复技术尚未得到工业应用（Gadd，2009；Newsome et al.，2014）。

3.3 微生物对 U（Ⅵ）的表面络合沉淀作用

生物表面络合沉淀作用是指生物作用产生的配体（如硫化物、磷酸盐）在细胞表面络合金属元素形成沉淀，或者是金属元素由于细胞表面局部碱性化而形成了碳酸盐或氢氧化物（Newsome et al.，2014）。微生物对 U（Ⅵ）的表面络合沉淀主要生成不溶性的 U（Ⅵ）磷酸盐矿物（图 3-1C）（Salome et al.，2013；李子杰等，2016），其固定 U（Ⅵ）的能力可高达 9 g/g 细胞干重（Macaskie，1990）。此外，这些微生物成因的 U（Ⅵ）磷酸盐矿物稳定性好，溶解度极低，并且不受环境氧化还原状态改变的影响，是当前核污染地下水微生物修复研究的一个重要方向（Salome et al.，2013）。

微生物成因的不溶性铀酰磷酸盐矿物是微生物通过增加其细胞周围磷酸盐浓度来诱导 U（Ⅵ）络合沉淀而成的（Islam et al.，2016），在含有机磷酸盐（如磷酸甘油）的环境中，U（Ⅵ）的微生物还原作用并不显著，而络合形成 U（Ⅵ）磷酸盐矿物是微生物固定 U 的主要方式（Salome et al.，2013）。在早期研究中，当向一些柠檬酸杆菌 *Citrobacter* spp.[后来被划为沙雷氏菌属 *Serratia*（Pattanapipitpaisal et al.，2002）]提供有机磷酸盐（如磷酸甘油）时，细胞产生过量的磷酸酶将有机磷酸盐水解，释放出无机的正磷酸根，它在细胞外与 U（Ⅵ）络合生成铀酰磷酸盐矿物——磷酸氢铀酰（HUO_2PO_4）（Macaskie et al.，1992）；而向柠檬酸杆菌 *Citrobacter* spp.培养液中添加醋酸铵则会形成 $NH_4UO_2PO_4$，这种物质的溶解度比磷酸氢铀酰更低（Yong et al.，1995）。该现象在美国田纳西州橡树岭地区得到了印证，从铀污染土壤中分离出来的一种节杆菌 *Arthrobacter* sp.、芽孢杆菌 *Bacillus* sp.和拉恩氏菌 *Rahnella* sp.通过磷酸酶水解了大量的磷酸甘油，其产物与 U（Ⅵ）在细胞外生成了钙铀云母 $[Ca(UO_2)_2(PO_4)_2]$ 矿物沉淀（Beazley et al.，2007；Martinez et al.，2007；Shelobolina et al.，2009）。其中芽孢杆菌 *Bacillus* sp.和拉恩氏菌 *Rahnella* sp.的反应最为显著，而且在 pH=5～7 的条件下磷酸酶活性最高，铀酰络合沉淀速率最快（Beazley et al.，2007）。后来，Beazley 等（2009）在富硝酸盐的缺氧环境中，利用 *Rahnella* strain 固定 U（Ⅵ）得到了另一种铀酰磷酸盐矿物——氢铀云母 $[H_2(UO_2)_2(PO_4)_2]$；Sowmya 等（2014）从印度西南海岸沉积物中分离出的不动杆菌 *Acinetobacter* sp. YU-SS-SB-29 能在溶解磷酸三钙（TCP）获得正磷酸根后，将 U（Ⅵ）固定为氢铀云母。此外，在模拟美国橡树岭地区富 Ca 地下水中的"土著"伽马变形菌菌株 *Gammaproteobacteria* Strain M1 络合 U（Ⅵ）的实验中，细菌诱导生产了富含 U（Ⅵ）的羟磷灰石 $[Ca_5(PO_4)_3OH]$，这种矿物在 pH 近中性的条件下比钙铀云母溶解度更低（Shelobolina et al.，2009；Newsome et al.，2014）。除了磷酸甘油，假单胞菌 *Pseudomonas* 还能利用磷酸三丁酯的酶解来络合 U（Ⅵ）（Thomas et al.，1996）。另外，某些经基因改造的细菌菌株也能沉积铀酰磷酸盐（Martinez et al.，2007）。例如，被改造过的异常球菌 *Deinococcus radiodurans*（Appukuttan et al.，2007）、添加酸性磷酸酶基因的埃希氏菌 *Escherichia coli*（Basnakova et al.，1998），以及添加碱性磷酸酶基因的假单

胞菌 *Pseudomonas veronii* 和 *Pseudomonas rhodesiae*（Powers et al.，2002）。

由此可见，微生物对 U（Ⅵ）的表面络合沉淀作用中涉及两种关键物质：磷酸酶和正磷酸根。几乎所有微生物都含有活性磷酸酶，80%以上的土壤微生物能通过磷酸酶水解有机磷酸酯类，如一些芽孢杆菌属 *Bacillus*、沙雷氏菌属 *Serratia*、变形菌属 *Proteus*、节杆菌属 *Arthrobacter*、链霉菌属 *Streptomyces* spp.的细菌以及多种真菌（Ehrlich，1990）。在一些柠檬酸杆菌 *Citrobacter* spp.表面络合 U（Ⅵ）生成磷酸氢铀酰的实验中，通过肽碎片分析发现起作用的是一种酸性磷酸酶 PhoN（Macaskie et al.，1994）。Jeong 等（1997）发现沙雷氏菌 *Serratia* 菌株产生的磷酸酶主要位于细胞周质，少量位于细胞外膜，并且在细胞极区部位磷酸酶的含量较高，而该部位也是络合沉淀的铀酰磷酸盐最多的位置。Jeong（1997）认为，细胞表面的这种结构是为了防止铀酰进入细胞内膜和外膜，进而避免整个细胞体被污染。这一结论得到了其他学者的认可，例如，Macaskie 等（2000）发现磷酸酶在细胞表面产生的丰富的脂多糖为金属沉积提供初期的结核点，铀酰磷酸盐在其之上交互沉淀，可阻止细胞表面污染；Paterson-Beedle 等（2012）通过实验得出沙雷氏菌 *Serratia* 中的磷酸酶对伽马辐射的忍耐度高达 1 368 Gy，可有效应用于核污染区域的生物修复。然而，并不是所有具有活性磷酸酶的细菌都能去除溶液中的 U（Ⅵ），如含酸性磷酸酶的肠道菌就不能（Macaskie et al.，1994）。因此，活性磷酸酶只是微生物表面络合 U（Ⅵ）沉淀的一个必要条件，从细菌本身机能来讲，可能还需要具有类似沙雷氏菌 *Serratia* 的某种特定的细胞结构（Newsome et al.，2014）。

另一种关键物质是正磷酸根，它可以来自有机磷酸酯和无机磷酸盐。如前所述，实验中与 U（Ⅵ）络合沉淀的正磷酸根多由磷酸酶水解有机磷酸酯而来。正磷酸盐是细菌获取必需营养元素 P 的主要来源，在 P 元素供给过剩时，有些生物体会将正磷酸盐聚集起来，在细胞内形成聚磷酸盐颗粒，这种由磷酸酐键连接而成的线性聚合物可包含 3～1 000 个正磷酸根；如果 P 元素供给不足，生物体会启动特定的传输系统以保证有足够的 P 元素摄取量（Hirota et al.，2010；Sowmya et al.，2014），例如，在缺氧环境中，不动杆菌 *Acinetobacter* 能将聚磷酸盐颗粒水解来获得能量（Van Groenestijn et al.，1988）。在缺乏正磷酸盐的环境中，细菌会将其他的 P 源转化，释放出正磷酸盐，例如，通过酶促氧化无机亚磷酸盐、通过磷酸酶水解有机磷酸酯类、通过 C-P 裂解酶催化膦酸酯类分解（Newsome et al.，2014）。

这本身也是自然界中 P 元素循环的重要部分。

3.4　微生物对 U（Ⅵ）的细胞内积聚作用

微生物对多种金属元素都有积聚作用。如果某些金属元素（如 Fe、Zn、Co 和 Mn）与细菌维持生理机能的必需元素相似，它就会被细胞主动摄取（何颖等，2014）。就已有的认知来看，U 并非维持细胞生理机能的必需元素，微生物体内也无 U 元素转运蛋白，但它会在细胞膜通透性增加的情况下进入细胞内部，而细胞膜通透性增加可能由 U 元素的毒性引起（Suzuki et al.，1999）。

在当前发表的研究结果中，U 元素在细菌细胞内的积聚多由假单胞菌 *Pseudomonas* 引起，并且细胞内的 U 元素基本都以铀酰磷酸盐的形式存在（图 3-1D）（Kazy et al.，2009；VanEngelen et al.，2010；Choudhary et al.，2011），这种铀酰磷酸盐多以细胞体内的聚磷酸盐与 U（Ⅵ）螯合而成（何颖等，2014）。另外，从铀污染区中分离出来的一种与节杆菌 *Arthrobacter ilicis* 密切相关的细菌对 U 元素也有类似的细胞内积聚作用，它主动摄取 UO_2^{2+} 后在细胞内形成了聚磷酸-铀酰颗粒（Suzuki et al.，2004）。这种螯合固定 U（Ⅵ）的方式是细胞对 U（Ⅵ）毒性的被动耐受机制，不是由 U（Ⅵ）诱导产生的（何颖等，2014；Newsome et al.，2014）。

需要说明的是，微生物对 U（Ⅵ）的富集并不只是依靠上述某种单一的机制，而是多阶段、多种机制的共同作用（Bader et al.，2017；张健等，2018）。在微生物与 U（Ⅵ）相互作用的初始阶段，U（Ⅵ）可由于静电引力被快速吸附于微生物表面，然后再被细胞表面的肽聚糖、羧基、氨基、羟基和磷酸基等官能团络合固定（Liang et al.，2015），被络合的 U（Ⅵ）可能会由于细胞膜渗透性增加等原因继而进入细胞内部（Suzuki et al.，1999；陈志，2015）。在 U（Ⅵ）由细胞外向细胞内转移的过程中，无论 U（Ⅵ）是以游离态的形式被吸附还是已被络合形成不溶的 U（Ⅵ）矿物 [如磷铵铀矿 $(NH_4)(UO_2)(PO_4)\cdot3H_2O$]，微生物呼吸作用产生的电子均能够将 U（Ⅵ）还原（Bernier-Latmani et al.，2010；张健等，2018）。但这并不是说微生物对 U（Ⅵ）富集固定的产物最终只会以 U（Ⅳ）的形式存在，例如，在含有机磷酸盐（如磷酸甘油）的环境中，U（Ⅵ）的微生物还原作用并不显著，而主要是络合形成不溶的 U（Ⅵ）磷酸盐矿物（Salome et al.，2013）。

第4章　微生物参与砂岩型铀矿成矿的证据

"将今论古"是地质学研究的重要思想之一（Racki et al.，2000），前文所述微生物对 U（VI）的还原与非还原性富集作用的实验研究为探索实际地质条件下砂岩型铀矿的微生物成矿机理提供了有力的理论指导。虽说"现在是进入过去的钥匙"（the present is the key to the past），但微生物对 U（VI）的富集作用的实验研究主要服务于环境领域中核污染水环境的微生物修复（闵茂中等，2004），在地质学领域中，砂岩型铀矿床的微生物成矿作用的有力证据尚不多。同时，由于实验条件和实际地质条件的客观差异（如时间和介质），实验现象与实际地质现象会有不同。例如，在自然条件下经微生物作用长期缓慢沉淀、生长形成的沥青铀矿纳米级晶体是有序排列的，而模拟实验中微生物酶促还原快速沉淀得到的沥青铀矿纳米级晶体是无序排列（闵茂中等，2004；Cumberland et al.，2016）。从已有的报道来看，微生物参与砂岩型铀矿成矿的证据可分为直接证据和间接证据两类。

4.1　直接证据

微生物参与砂岩型铀矿成矿的直接证据是由铀矿床中的铀矿物本身所反映出来的指示其微生物成因的依据，包括铀矿物的形态学特征、铀矿物 P 元素含量和铀矿物纳米晶体尺寸。

4.1.1　铀矿物形态学特征

矿床内的生物矿化现象是生物参与成矿过程的直接标志（汤葵联，1992）。国外早有学者在美国犹他州的 Mi Vida 铀矿中发现沥青铀矿和铀石交代碳质碎屑，呈现蜂窝状的木质细胞化石（Gross，1956）；中国学者也在新疆伊犁盆地南缘的 511 铀矿中发现了同样的现象（Min et al.，2001）。这表明地层中碳质碎屑对铀的富集和还原起了重要作用。同样，砂岩型铀矿中也发现了许多微生物化石。微生物能通过还原或非还原的方式富集铀元素（Newsome et al.，2014），微生物被铀交代后以具有特殊形态学特征的铀矿物被保存下来。Min 等（2005a，2005b）在伊犁盆地南缘的 511、512 和 513 铀矿床中发现了亚微米/微米级的沥青铀矿化的树枝状或管状真菌菌丝和微球状孢子，以微球粒集合体形式存在的沥青铀矿化的微生物化石和形似脱硫弧菌 *Desulfovibrio desulfuricans* 的蠕虫状的铀石化的微生物化石（长度为 20～25 nm，宽度约为 8 nm）。Cai 等（2007b）在鄂尔多斯盆地沙沙圪台铀矿中发现了长度为 0.3～12 μm、宽度为 0.1～2 μm 的杆状铀石，与脱硫杆状菌 *Desulfobacterium vacuolatum* 和脱硫弧菌 *Desulfovibrio piger* 有相似的形态学特征（Widdel et al.，1999）。Zhao 等（2018）在松辽盆地钱家店铀矿床中也发现了亚微米级的微球粒状铀石集合体（详见本书第 7.5.3 节）。类似的基于矿物的特殊形态学特征推断其微生物成因的研究在其他金属矿中也不少见，如金矿（Watterson，1992；Reith et al.，2006）。

4.1.2　铀矿物 P 元素含量

自然界中有不少铀矿物本身富含 P 元素（表 2-2），然而，砂岩型铀矿中的铀矿物主要是铀石和沥青铀矿，其 P 元素以极微量的杂质形式存在，如果有较高的 P 元素含量则表明有微生物作用（Cai et al.，2007b；Alessi et al.，2014；Zhao et al.，2018）。例如，①细菌在降解有机质的时候能使有机磷酸酯中的键断裂，释放出其中的 P 元素（Newsome et al.，2014）；②在细菌硫酸盐还原作用过程中，细菌活动能产生有机酸等物质，降低环境 pH，导致磷灰石等富 P 矿物被溶解（Welch et al.，2002）；③某些细菌的新陈代谢过程会直接利用 P 元素（Hutchens et al.，2006）。Cai 等（2007b）发现鄂尔多斯盆地沙沙圪台铀矿中的微球粒状和杆状铀石含有 P 元素，认为是微生物铀矿化的证据之一；同样，Zhao 等（2018）在研究松辽盆地钱家店铀矿时，测得微球粒状铀石中含有丰富的 P 元素（详见本书第 7.5.3 节），P_2O_5 含量高达 7.38%～8.95%，也是支撑微生物铀矿化的重要论据之一。

4.1.3　铀矿物纳米晶体尺寸

在温度低于 150℃的环境中，微生物能在细胞质内部、细胞表面及其聚合物上固定溶液中的金属离子而产生纳米级的沉淀（Banfield et al.，2001）。Lovley 等（1992a）、Suzuki 等（2002）及闵茂中等（2004）均通过实验证实了细菌酶促还原生成的沥青铀矿以纳米级的尺度存在。然而，针对实际砂岩型铀矿床中铀矿物晶体尺度的研究报道甚少，Min 等（2005b）通过 HRTEM 和电子衍射图发现，新疆伊犁盆地南缘 511 铀矿床中微球粒状的微生物化石是由大量纳米级的沥青铀矿晶体以有序的三维集合体构成；Cai 等（2007b）在研究鄂尔多斯盆地沙沙圪台铀矿时进一步发现，铀矿化的杆状微生物化石中纳米铀石晶体之间的距离为 2.64～4.66 Å。

当然，从铀矿物出发找寻其自身微生物成因还有一些有待尝试的潜在有效方法。例如，通过提取铀矿物中潜在的有机质，将其与围岩中所提取的有机质进行 rDNA 对比与检测，可鉴别铀矿化的微生物种类。前人应用该方法在澳大利亚 Tomakin Park 金矿和 Hit or Miss 金矿中鉴别出了酶促形成次生金矿的微生物为罗尔斯通氏菌 *Ralstonia metallidurans*（Reith et al.，2006）。

4.2　间接证据

微生物参与砂岩型铀矿成矿的间接证据是铀矿床中与铀矿物具有成因联系或共生关系的其他矿物或有机质所反映出来的指示其微生物成因的依据，包括与铀矿物具有共生关系的黄铁矿的 $\delta^{34}S$ 值和方解石的 $\delta^{13}C$ 值，以及与铀矿物具有成因联系的烃类包裹体特征。

4.2.1　黄铁矿的硫同位素

通常，黄铁矿中的硫来源于以下四种途径（Krouse et al.，1988；Worden et al.，1996；Cai et al.，2002）：①深部地幔来源的无机硫；②有机含硫化合物的热降解；③热化学硫酸盐还原作用（Thermochemical Sulfate Reduction，TSR）；④细菌硫酸盐还原作用（Bacterial Sulfate Reduction，BSR）。

深部地幔来源的无机硫的硫同位素组成已通过地幔橄榄岩金刚石包裹体中的硫化物来限定，$\delta^{34}S$ 值主要在-5‰～5‰（Eldridge et al. 1995；Seal，2006）。有机含硫化合物中的硫的同位素组成一般大于-17‰（Aplin et al.，1995；Cai et al.，2002）。

热化学硫酸盐还原作用通常发生在持续的埋深过程中（Cai et al.，1997）。虽然热化学硫酸盐还原作用的起始温度受催化剂、硫酸盐的供给以及岩石结构等因素的影响，但是通常都在 120℃ 以上（Machel et al.，1995；Worden et al.，1995；Cai et al.，2001）。热化学硫酸盐还原作用过程中硫同位素的分异幅度比较小（Orr, 1974；Kiyosu, 1980；Krouse et al.，1988；Cai et al.，2002；Hoefs，2015），目前最大的分异幅度是 Kiyosu 等（1990）报道的在 200～100℃ 时产生的 10‰～20‰ 的分异。该作用形成的硫化物的 δ^{34}S 值一般不低于−10‰（Seal，2006；Hoefs，2015）。

　　能引起异化硫酸盐还原作用的微生物超过 100 种，它们能够通过还原硫酸盐和氧化有机碳或 H_2 来获取生存所需的能量（Canfield，2001）。还原硫酸盐的微生物主要生活在厌氧的环境中，能够在−1.5℃～100℃ 的环境中生存，而且对盐度的适应性很强，能适应淡水环境，也能适应高盐度的卤水环境（Hoefs，2015）。在细菌硫酸盐还原作用过程中，硫同位素通常会发生很大的分异作用，相对于母源硫酸盐而言，产生的硫化物可以极富 ^{32}S，也可以极富 ^{34}S（Goldhaber et al.，1974）。在开放体系中，硫酸盐供给充分，持续的细菌硫酸盐还原作用导致所产生的硫化物中富含 ^{32}S 而贫 ^{34}S（Neretin et al.，2003）。在封闭体系中，硫酸盐的供给是有限的，微生物对 ^{32}S 的选择性消耗会在母源硫酸盐上产生反馈效应，使产生的硫化物逐渐富集 ^{34}S，甚至在母源硫酸盐的消耗量超过 2/3 的时候，生成硫化物的 δ^{34}S 值会超过母源硫酸盐。

　　硫酸盐还原菌是砂岩型铀矿床含矿地层中的优势菌群（冯晓异等，2007），同时矿床中黄铁矿与铀矿物交互共生的现象非常普遍，二者通常被认为具有成因联系或者是同时形成的。因此，如果与铀矿物交互共生的黄铁矿能被证实是微生物成因，则可间接推断铀矿物也是微生物成因。通过上述对黄铁矿中硫的四种主要来源的分析可知，黄铁矿的硫同位素组成是指示其矿物成因的有力依据，极负的 δ^{34}S 值（<−17‰）表明了硫酸盐还原菌直接主导了黄铁矿的形成。砂岩型铀矿床中与铀矿物共生的黄铁矿多具有 δ^{34}S 值变化范围大、其最小值极负的情况，例如，伊犁盆地蒙其古尔铀矿床含矿砂岩中黄铁矿的 δ^{34}S 在−68.4‰～−56.5‰（n=12）（刘俊平等，2015）；鄂尔多斯盆地沙沙圪台铀矿中与铀矿物共生的黄铁矿的 δ^{34}S 在−39.2‰～15.8‰（n=12）（Cai et al.，2007a，2007b），大营铀矿中黄铁矿的 δ^{34}S 在−36.5‰～−27.3‰（陈超等，2016）；松辽盆地白兴吐铀矿床中与铀矿物共生的、交代碎屑有机质的草莓状黄铁矿的硫同位素组成也很轻，δ^{34}S 值在−72.0‰～

−6.2‰（Bonnetti et al.，2017a），与之邻近的钱家店铀矿床中与铀矿物交互共生的胶状黄铁矿的 δ^{34}S 值在−41.4‰～−19.3‰（Zhao et al.，2018）（详见本书第 7.4 节）。这些现象有力地证明了黄铁矿的形成主要由硫酸盐还原菌提供 S 源，进而间接表明与黄铁矿共生的铀矿物也形成于硫酸盐还原菌的作用。

4.2.2　方解石的碳同位素

方解石胶结物的碳同位素组成对其沉淀流体的性质也有指示作用。方解石胶结物中的碳主要有以下来源（Dai et al.，1996；Wycherley et al.，1999；Cai et al.，2002）：①内生碳源，如来自岩浆作用；②大气中的 CO_2；③碳酸盐和重碳酸盐矿物的溶解；④有机质的氧化。

自然界中碳的同位素组成分布范围极广，不计外太空物质的碳同位素组成，δ^{13}C 值的变化也可达 120‰（Hoefs，2015）。地幔来源的碳的同位素组成由地幔橄榄岩中的金刚石限定，δ^{13}C 值在−6‰左右，与全球地壳碳同位素组成的平均值相当（Seal，2006；Hoefs，2015；Sharp，2017）。大气 CO_2 代表了整个大气圈的碳同位素特征，其 δ^{13}C 值在−7‰～−6‰（Craig，1953；Sharp，2017）。海相沉积碳酸盐或者溶解重碳酸盐的碳同位素比较重，δ^{13}C 值平均在−1‰～0‰（Craig，1953；Sharp，2017）。来自陆地高等有机质、土壤腐殖质、煤和化石油气的有机碳的碳同位素则比较轻，δ^{13}C 值通常低于−10‰（Hoefs，2015；Sharp，2017）。

另外，在无机碳系统中，由于同位素交换平衡反应的存在，"大气 CO_2 →溶解重碳酸盐→固体碳酸盐"体系中的 ^{13}C 会逐渐富集（Hoefs，2015）。在该过程中，重碳酸盐和方解石之间的碳同位素分馏系数是恒定的，$1\,000\ln\alpha_{\text{calcite-bicarbonate}}$ 约为 0.9（Rubinson et al.，1969）或 1.0（Romanek et al.，1992），而方解石和 CO_2 之间的分馏系数则受温度的影响（Wood et al.，1991；Romanek et al.，1992）。Wood 等（1991）发现在温度为 50℃和 100℃时，溶解的重碳酸盐比其母源 CO_2 的 δ^{13}C 值要分别高约 10‰和 5‰。Romanek 等（1992）通过实验进一步得出了方解石与其母源 CO_2 之间碳同位素的分馏系数与温度的关系式：

$$1\,000\ln\alpha_{\text{calcite-CO}_2} = 11.98 - 0.12\,T\,（℃）$$

在很多情况下，还原性的环境中都有有机质的存在，但即便有机碳本身具有不稳定的热力学状态，大多数的无机氧化剂还是无法仅通过化学途径将其氧化（Banfield et al.，2001），尤其是在常温和低温条件下（Cai et al.，2007a，2007b）。然而，很多微生物可在常温和低温条件下产生生理催化作用，在氧化有机碳的同时以 Mn、Fe、U 和硫酸盐等物质作为电子受体而将其还原（Lovley et al.，1991；Banfield et al.，2001；Cai et al.，2007a，2007b）。砂岩型铀矿埋藏较浅，多形成于常温和低温环境中（闵茂中等，2004；吴柏林等，2007；张玉燕等，2016），含矿层中多含有机质、微生物或油气（尹金双等，2005）。含矿砂岩中也不乏自生方解石胶结物与铀矿物交互共生的现象，二者通常被认为具有成因联系或者是同时形成的。因此，如果与铀矿物交互共生的方解石能被证实具有有机碳作为其碳源，则可推断方解石的形成有微生物参与，从而可间接地推断铀矿物也有微生物成因。

综上所述，方解石的碳同位素组成是指示其矿物成因的有力依据，较负的 $\delta^{13}C$ 值（<−10‰）表明微生物直接参与了方解石的形成（汤葵联，1992）。砂岩型铀矿床中与铀矿物共生的方解石胶结物也多具有 $\delta^{13}C$ 值变化范围大、其最小值极负的情况。例如，鄂尔多斯盆地沙沙圪台铀矿中与铀矿物共生的方解石胶结物的 $\delta^{13}C$ 值在−33‰～−1.4‰（n=15）之间（Cai et al.，2007a，2007b）；松辽盆地钱家店铀矿床中与沥青铀矿共生的嵌晶状方解石胶结物的 $\delta^{13}C$ 值在−11.2‰～−3.0‰（n = 6）之间，其中五个样品的 $\delta^{13}C$ 值<−9‰（Zhao et al.，2018）（详见本书第 7.3.2 节）。这些数据表明，含矿层中的微生物氧化有机质为方解石提供了碳源，同时将电子传递给 U（Ⅵ）使其还原，从而形成了方解石与铀矿物的交互共生现象。类似的情况在其他矿床的成因研究中早有先例。例如，许多研究者提出了前寒武纪条带状铁建造（BIF）的生物成因观点，其根据之一就是 BIF 中的碳酸盐富集轻碳同位素（汤葵联，1992）。

4.2.3　烃类包裹体特征

以上所述铀矿含矿层中微生物可氧化有机质并同时还原 U（Ⅵ），其中所指的有机质包括以固体形式存在的碳质碎屑和以流体形式存在的油气。这里仅就含矿层中与铀矿具有潜在成因联系的烃类包裹体作进一步分析。

油气的生物降解在油气储层中比较常见（Mckenna et al.，1965；Milner et al.，1977；Rueter et al.，1994；Zengler et al.，1999）。近些年，在砂岩型铀矿的研究

中也发现了含铀的砂岩中存在生物降解的油气迹象（Cai et al.，2007a，2007b；Zhao et al.，2018）。储层温度是控制生物降解作用的关键因素，埋藏较浅、温度较低的油气储层比埋藏较深、温度较高的储层中更容易发生微生物降解作用（Wenger et al.，2002）。石油的微生物降解通常发生在温度低于 80℃ 的环境中，在更低温度的储层中（如低于 50℃），石油的生物降解更为明显；在高于 82℃ 的环境中，微生物对石油的降解能力会极大地受到限制（Wenger et al.，2002）。

前人早已发现，含氧的淡水进入储层后会发生油气的有氧生物降解作用（Mckenna et al.，1965；Palmer，1993）。然而，油气的生物降解不仅发生在有氧供给的储层中。细菌培养实验已经证实，诸如硫酸盐还原细菌、铁氧化物还原细菌和重碳酸盐还原细菌等都可以在完全无氧的条件下降解油气（Grassia et al.，1996；Chapelle et al.，1992；Stetter et al.，1993；Rueter et al.，1994；Heider et al.，1998；Zengler et al.，1999）。即便不同的微生物种类和储层环境会影响某些油气烃类化合物的降解顺序，但总体而言，这种降解顺序是基本相近的。随着微生物降解程度的增加，直链的正构烷烃会首先被降解掉，其后依次是含支链的饱和烃（如类异戊二烯化合物）、环状的饱和烃和芳香烃（Wenger et al.，2002）。对于未发生生物降解的石油来说，其正构烷烃的组成是完整的，正构烷烃的含量比相邻类异戊二烯烃的含量高，由含支链和环状化合物组成的未分离复杂混合物（UCM）极少。在发生中度微生物降解的石油中，正构烷烃含量大大降低，UCM 变得更大。当生物降解达到严重程度的时候，正构烷烃基本降解殆尽，UCM 变得非常大。

石油中 25-降藿烷的来源及其对油气生物降解的指示意义曾存在一定的争议。有学者曾经在源岩抽提物中发现了少量的 25-降藿烷，认为这类化合物具有很强的抗生物降解能力，因而能在发生生物降解的过程中逐渐富集（Noble et al.，1985；Blanc et al.，1992；Chosson et al.，1992）。未发生生物降解的石油中 25-降藿烷的分布十分有限，通常只含有一种或少数几种 25-降藿烷，而发生生物降解的石油中会存在一系列较为完整的 25-降藿烷化合物（Moldowan et al.，1995）。因此，石油中存在一系列 25-降藿烷是石油在储层中发生了严重生物降解作用而导致 C_{10} 位的甲基脱落（Seifert et al.，1979；Rullkötter et al.，1982；Volkman et al.，1983a；Seifert et al.，1984；Peters et al.，1991；Wenger et al.，2002）的可靠标志。

如前所述，假如在与铀矿物共生的方解石胶结物中存在烃类包裹体，或者在其他成矿期矿物（如石英次生加大边）中存在烃类包裹体，并且这些包裹体中的烃类发生了生物降解作用，则可间接推断微生物为 U（Ⅵ）的还原提供了来自烃类有机质的电子。Cai 等（2007a，2007b）在研究鄂尔多斯盆地东胜铀矿床和沙沙圪台铀矿床时，对成矿期方解石胶结物和石英次生加大边中抽提出的油气包裹体进行分析，发现富含 UCM 及 C_{26}～C_{32} 17α，21β 25-降藿烷。无独有偶，近年在松辽盆地钱家店铀矿床的研究中，在与铀矿物交互共生的嵌晶状方解石所含的烃类包裹体中也发现了类似现象（Zhao et al.，2018）（详见本书第 8.4 节）。这些现象间接说明微生物参与了铀的还原成矿。

世界上多数产砂岩型铀矿的盆地同时也是产煤和产油气的盆地（尹金双等，2005），且含油气层多位于含铀矿层之下，油气的运移与逸散可为上覆含铀地层的微生物铀矿化提供潜在的流体形式有机质（Cai et al.，2007a，2007b；李宏涛等，2008；赵龙，2018）。我国北方中生代沉积盆地中多个典型砂岩型铀矿床与区域内的煤、石油和天然气等有机矿产都存在空间上的联系，其成因很可能也与这些有机矿产存在关联，具体探讨详见本书第 10 章。

值得注意的是，在实际地质条件下，上述"直接证据"和"间接证据"中单独某一项并不能充分说明微生物参与了铀矿化，需要在建立矿物成岩序列的基础上综合以上各类指标，才能作出可靠的推断（Cai et al.，2007a，2007b；Cuney，2010）。

下 篇

砂岩型铀矿的微生物成矿作用在松辽盆地钱家店铀矿床中的研究实例，及其在中国北方典型铀矿床中的普遍潜在性探讨

第5章 松辽盆地研究区地质背景

松辽盆地横跨中国辽宁、吉林和黑龙江三个省，位于东经 119°40′～128°24′、北纬 42°25′～49°23′，呈 NNE（北北东）向展布，盆地南北长约 750 km，东西宽 330～370 km，面积约 26×10^4 km^2，盆底形态近似菱形（张来明，2016）。松辽盆地是在松辽微板块的基础上演化形成的中—新生代大型陆相克拉通内转化型盆地（高瑞祺等，1997），盆地的形成、演化先后受到古亚洲洋构造域和环太平洋构造域的控制（俞凯等，2002）。在晚元古代至早二叠世末期，盆地受古亚洲洋构造域控制，位于西伯利亚板块的南部，盆地的西部和南部分别为北亚陆间区和中朝板块，中部是古亚洲洋海域。受海西构造作用的影响，中朝板块和西伯利亚板块在早二叠世末期发生碰撞，统一的欧亚板块开始形成，海水自西向东退出该地区。从晚三叠世开始，松辽地区受到环太平洋构造域的控制，并随着环太平洋构造域发展演化而逐渐形成了统一的汇水盆地（图 5-1）。

5.1 区域地层

5.1.1 基底岩性及分布特征

松辽盆地的基底是在松嫩—张广才地块的基础上增生、拼贴而形成的，以古生代地层和古生代—中生代花岗岩为主体的基岩（吴福元等，2000）埋深一般为 4 000～6 000 m；最浅处位于东南隆起区，埋深为 60.79 m，最深处位于梨树凹陷中，地震勘探解释的埋深为 9 200 m。基底岩性主要由中深变质岩、浅变质岩和同期花岗岩组成，岩性的分布具有"东西分带，南北分区"的特点（于文斌，2009）。中深变质岩系主要集中在盆地中部，沿盆地长轴方向呈带状展布，主要由片麻岩、花岗片麻岩和变质砂岩组成。中深变质岩系的西侧以泥板岩、千枚岩、片岩和灰

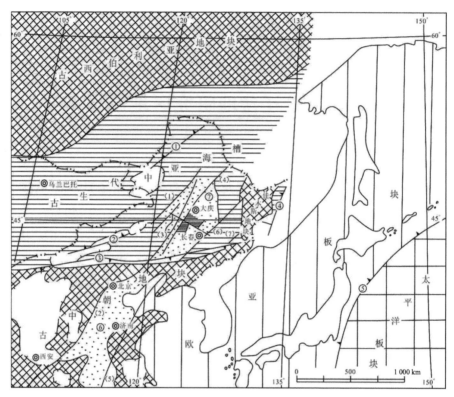

图 5-1 松辽盆地大地构造图

注：（1）内蒙壳断裂；（2）太行壳断裂；（3）嫩江—白城壳断裂；（4）双辽—孙吴壳断裂；（5）郯庐壳断裂；（6）依兰—依通壳断裂；（7）密山—敦化壳断裂；① 德尔布干岩石圈断裂（早古生代板块俯冲带）；② 索伦山—贺根山晚古生代板块缝合线；③ 阴山—图门晚古生代板块俯冲带；④ 那丹哈达岭早古生代板块俯冲带；⑤ 日本深海沟新生代板块俯冲带；⑥ 中—新生代沉积盆地；⑦ 松辽盆地坳陷区。

资料来源：于文斌（2009）。

岩为主，是上古生界浅变质岩系分布带。以长春—通榆一线为界，中深变质岩系的东侧岩性带大体分为南北两区，南区岩性带的岩石变质程度较深，主要为早古生代的片麻岩和变质砂岩；北区岩性带的岩石变质程度较浅，主要为晚古生代的千枚岩、板岩和变质火山岩。这些基底岩石在松辽盆地边缘均有出露，它们在很大程度上控制了盆地内部晚中生代和新生代沉积岩的组成与分布。

5.1.2　盖层组成及分布特征

松辽盆地的沉积盖层主要由白垩系、古近系、新近系和第四系组成（表 5-1）。以库伦—长岭—肇东—拜泉一线为界，地层在盆地西部发育相对齐全，而在东部缺失上白垩统明水组、古近系和新近系地层。白垩系地层覆盖整个盆地，为陆相碎屑岩沉积，含有煤层和油页岩层。下白垩统地层包括沙河子组、营城组和登娄库组，在松辽盆地南部地区，下白垩统通常又被划分为义县组（K_1y）、九佛堂组（K_1jf）、沙海组（K_1sh）和阜新组（K_1f）。上白垩统地层包括泉头组（K_2q）、青山口组（K_2qn）、姚家组（K_2y）、嫩江组（K_2n）、四方台组（K_2s）和明水组（K_2m）。白垩系之上由古近纪和新近纪陆相碎屑岩沉积的依安组（E_3y）、大安组（N_1d）和泰康组（N_2t）构成，主要分布在盆地西部地区；第四系（Q）遍布全区，为一套风积、冲积、洪积而成的松散堆积。

表 5-1　松辽盆地地层简表

系	统	组	段	代号	厚度/ m	岩性特征	古气候	沉积相	油层	铀层
第四系				Q	0～143	上部为黄土或黑色腐殖土，中部为灰黄色松散砂层，下部为砂砾层	干温湿	冲积洪积		
新近系	上新统	泰康组		N_2t	0～165	上部为灰黄、灰绿、棕黄色泥岩或砂砾岩；下部为黄灰色砂岩、砂砾岩	温湿	河流	明水气层	
	中新统	大安组		N_1d	0～123	上部为泥岩夹粉砂岩；下部为厚层灰、深灰色中砂岩或粗砂岩、砂砾岩、砾岩	半潮湿	河流		
古近系	渐新统	依安组		E_3y	0～244	上部杂色砂砾岩、砂岩夹灰色泥岩；下部为灰黄色含砾砂岩夹灰、灰黑色泥岩及薄层褐煤	温湿	河流—湖沼相		
白垩系	上统	明水组	明二段	K_2m^2	0～333	棕红、灰绿、灰色泥岩、砂质泥岩与灰绿色砂岩互层，韵律明显	干旱	河流		
			明一段	K_2m^1	0～243	灰绿色砂岩、泥质砂岩与灰黑色泥岩构成正韵律	温湿			

地层				厚度/m	岩性特征	古气候	沉积相	油层	铀层
系	统	组	段	代号						

系	统	组	段	代号	厚度/m	岩性特征	古气候	沉积相	油层	铀层
白垩系	上统	四方台组		K_2s	0～413	棕红色泥岩、粉砂质泥岩与灰白、灰绿色粉砂岩、砂岩互层，底部杂色砂砾岩	干热	河流		
		嫩江组	嫩五段	K_2n^5	0～116	杂色泥岩夹灰、灰绿色砂岩及粉砂岩	干热	河流	黑帝庙	
			嫩四段	K_2n^4	20～100	由灰绿、灰白色砂岩、粉砂岩与灰绿色泥岩互层构成，下部出现暗色泥岩层	温湿	河流—滨浅湖		
			嫩三段	K_2n^3	0～131	灰色砂岩、粉砂岩和浅灰色泥岩	温湿			
			嫩二段	K_2n^2	50～252	灰黑、深灰色泥页岩，局部夹薄层泥质粉砂岩、粉砂岩，底部有厚 8～15 m 的油页岩，为区域上最重要的标志层	温湿	浅湖—深湖		
			嫩一段	K_2n^1	200	盆地的东北部和西北部为厚层的砂岩、砂砾岩夹泥岩，其余地区为黑色泥页岩和油页岩，下部夹少量灰绿色粉砂质泥岩、粉砂岩	温湿	三角洲—半深湖	萨尔图	
		姚家组	姚上段	K_2y^2	70～140	由一套灰绿、紫红色泥岩和灰白色钙质粉、细、中砂岩组成	半干热	河流—滨浅湖		
			姚下段	K_2y^1	50～120	区域上以棕红色泥岩为主，夹灰绿色粉砂质泥岩，局部地段发育厚层状细砂岩、中砂岩			葡萄花	
		青山口组	青二、三段	K_2qn^{2+3}	150～380	灰、灰绿色泥岩与黑褐色油页岩不等厚互层，上部发育棕红色泥岩	湿温	滨浅湖—半深湖	高台子	
			青一段	K_2qn^1	50～120	黑色油页岩，顶部少量灰黑色泥岩，梨树断陷为灰绿色、紫红色泥岩，含黄铁矿结核，局部介形虫化石富集成层				

地层					厚度/m	岩性特征	古气候	沉积相	油层	铀层
系	统	组	段	代号						
白垩系	上统	泉头组	泉四段	K_2q^4	80～200	灰白色粗砂岩、粉砂岩,浅灰色细砂岩、粉砂岩与棕红色、紫红色泥岩且层	干热	曲河流	扶余	
			泉三段	K_2q^3	200～650	紫红色泥岩夹灰白、浅灰色粉砂岩或中砂岩		河流	杨大城子	
			泉二段	K_2q^2	40～350	以紫红色泥岩为主,夹浅灰、灰白色细砂岩、粉砂岩,局部地区砂质成分增多		河流—湖泊	农安	
			泉一段	K_2q^1	0～550	紫红、暗紫色泥岩与灰白色、浅灰色砂砾岩、粗砂岩、粉砂岩呈不等厚互层		冲积扇—河流		
	下统	阜新组		K_1f	0～1 500	灰白色含砾砂岩夹灰、灰绿、灰黑色泥岩及灰紫、暗紫色砂质泥岩	半干热	冲积扇—浅湖	怀德	
		沙海组		K_1sh	300～600	上部为灰黑色滤岩与灰白色砂砾岩、砂岩互层;下部为凝灰岩、凝灰质砂岩、火山岩、角砾岩与浅灰色砂砾岩、砂岩、灰黑色泥岩互层,多处见煤线	温湿	湖沼		
		九佛常组		K_1jf	0～900	深灰、灰黑色泥岩、粉砂质泥岩夹灰、灰白色砂砾岩,偶见凝灰质砂砾岩	温湿	湖沼—深湖		
		义县组		K_1y	＞1 200	凝灰角砾岩、凝灰岩、安山岩、玄武岩夹凝灰质砾岩	半干热	火山喷发—滨浅湖		
基底				Pz / γ		前古生代中深变质岩系、浅变质岩系和同期花岗岩				

资料来源:于文斌(2009)。

1)白垩系

早白垩世义县组是盆地伸展断陷早期阶段的沉积地层,岩性主要由中、酸性火山岩和凝灰岩组成,是间歇性火山喷发的产物。此外,还有砂泥岩与火山岩互层出现，并且夹有数层不可开采的煤层。受构造断裂的影响，义县组分布于众多彼此分割的断陷之中。

早白垩世九佛堂组—阜新组形成于盆地伸展断陷发育阶段，主要由形成于冲积扇相、河流相的砂砾岩和湖泊相灰色泥岩以及煤层组成，分布于一系列分割性较深的断陷盆地群中。其中，九佛堂组主要分布于盆地的东部和中部断陷中，主要为湖泊滨浅湖环境沉积，含五层具有工业开采价值的煤层，在该组地层的中段沉积时期出现了松辽盆地第一次湖侵。沙海组在盆地的西部缺失，主要分布在东部和中部，火山岩从盆地东缘向盆地中部明显减少，呈逐渐过渡的规律。阜新组为裂谷断陷中的湖相及河湖相沉积，分布局限，厚度变化大，主要分布在古中央隆起带东西两侧的三肇坳陷和齐家—古龙坳陷中；在阜新组沉积末期，盆地由断陷盆地沉积转为大型坳陷盆地沉积，中央隆起带基本被覆盖，开始形成了连通的大坳陷。

晚白垩世泉头组—嫩江组形成于松辽盆地的主要沉积时期。泉头组的沉积范围在阜新组的基础上逐渐扩大，在泉头组一段和二段时期以粗碎屑岩和红色泥岩充填补齐断陷盆地。沉积岩层由早期的河流相红色粗碎屑岩变为晚期的河湖相正常砂、泥岩沉积，厚度在沉积中心部位可达 1 600 m。断陷盆地填平补齐的过程在泉头组三段基本完成，在随后以曲流河沉积为主的泉头组四段沉积时期形成遍及松辽盆地的大规模超覆式沉积。

松辽盆地的发育在青山口组—嫩江组沉积时期达到全盛，伴随两次大规模的湖侵事件，形成了统一的汇水盆地。其中，青山口组为稳定缓慢沉降阶段的湖相灰绿色细粒砂泥质沉积，上部夹有三角洲和浅湖相细碎屑沉积，青山口组二、三段是松辽盆地有利的生油层之一，也是大庆油田的主要产油层之一。姚家组主要为三角洲相及河流相细碎屑砂泥质沉积，该组地层暗色泥岩不发育，生油条件差，但是储集层良好，为松辽盆地的主力储油层，同时也是本区地浸砂岩型铀矿主要的找矿目标层。嫩江组沉积时期为盆地坳陷发育的全盛时期，嫩江组二段时沉积范围最大，为松辽盆地白垩系重要的生、储油层系。嫩江组沉积结束以后，松辽盆地经历一次地壳上升及褶皱，形成嫩江组与上覆的四方台组之间的低角度不整合接触关系，该构造被称为嫩江运动。

晚白垩世四方台组—明水组沉积时期，区域性的挤压作用强烈，松辽盆地发生构造反转。在不平衡的抬升运动中，盆地的中部和东部地区上升成为陆地，造成沉积中心向西迁移。其中，四方台组主要为河流相及河湖三角洲相红色夹灰色中细碎屑岩和泥岩沉积，厚度为 300～400 m；明水组主要为滨湖、三角洲相和河流相红色碎屑岩沉积，局部夹暗色泥岩，厚度约为 200 m。这两套地层均具有较好的铀成矿条件。

2）古近系、新近系和第四系

古近纪早期盆地内隆升剥蚀和伸展断裂活动强烈。古近系和新近系地层分布在盆地西部，地表无露头，为一套灰绿、黄绿及深灰色泥岩与砂岩、砾岩组成的沉积，自下而上分别是古近系渐新统依安组、新近系中新统大安组和新近系上新统泰康组，其中泰康组具有碎屑颗粒粗、厚度大、分布广、富水性强等特点，为大庆油田地下水开采的主要目的层。

第四系与新近系地层以平行不整合或角度不整合接触，岩性主要为黄土状黏土、黑色淤泥质亚黏土、砂层和砂砾石层。第四系沉积物分布广泛，在盆地西部沉积较厚，最大可达 200 m 以上，而盆地东部仅仅有数米厚的沉积。

5.2　区域岩浆岩

松辽盆地内有活跃的岩浆活动，存在大规模的花岗岩侵位和岩浆喷发现象，在盆地内部和周边地区形成了巨大的花岗岩体和大规模的火山岩带。盆地周边的花岗岩分布广泛（图 5-2），含铀丰度较高，为盆地内砂岩型铀矿床提供了很好的铀源条件。

盆地西部物源区位于大兴安岭东坡，主要发育中生代和新生代的火山岩以及海西期和燕山期的花岗岩；此外，还有古生代沉积岩和少量前古生代变质岩。盆地的基底岩性与之类似，主要富铀地质体为海西晚期、燕山早期花岗岩及中晚侏罗世火山岩与碎屑岩。盆地东北部为小兴安岭，主要由前古生代、古生代地层及海西期与燕山期花岗岩组成，主要富铀岩体为燕山早期花岗斑岩。盆地东部为张广才岭北部一带，主要由海西期花岗岩、燕山期花岗岩及少量古生代地层、白垩纪火山岩等组成，海西期花岗岩由早期至晚期的铀丰度逐渐增高，含铀岩体主要为海西期黑云母花岗岩。

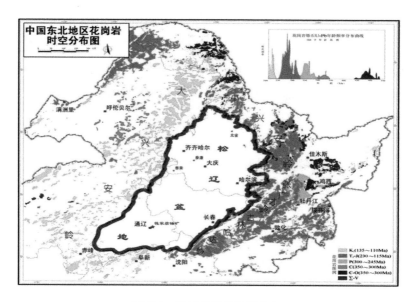

图 5-2 松辽盆地花岗岩分布

5.3 区域构造

松辽盆地中断裂构造发育,盆地周缘被区域性控盆断裂围限,盆地内部被一系列的深大断裂分隔。盆地周缘的控盆断裂包括西缘的开鲁—嫩江壳断裂、南缘的赤峰—开原和西拉木伦岩石圈断裂,以及东缘的依兰—伊通超壳断裂。盆地的内部构造包括盆地基底断裂和盖层构造,基底断裂由盆地所处的大地构造背景控制,而基底断裂的重新活化造就了盖层构造。

5.3.1 基底断裂

松辽地区古生代的板块缝合带和逆掩推覆断裂带在长时期的构造活动改造下形成了盆地的基底断裂。由于经历了漫长的构造演化,基底断裂的性质非常复杂,主要分为 SN 向、EW 向、NE—NNE 向和 NW 向四组断裂。SN 向断裂以通榆—康平断裂为代表,为高角度基底断裂;EW 向断裂以西拉木伦和哈拉木图断裂为代表,属岩石圈断裂。这两组断裂构造发育较早,主要是在海西期由西伯利亚板块和华北板块碰撞而产生的。NE—NNE 向断裂主要包括突泉—四平断裂、白城—

长春断裂和扎赉特—吉林断裂，NW 向断裂主要包括嫩江—白城断裂、孙吴—双辽断裂和哈尔滨—四平断裂，这两组断裂形成于印支运动晚期太平洋板块向欧亚板块俯冲碰撞的背景下。

5.3.2　盖层构造

基底断裂控制着盖层构造的形成和演化。松辽盆地沉积盖层的构造演化从早至晚依次可分为断陷期、坳陷期、反转期和新构造期，各时期的构造具有继承性和差异性。

1）断陷期构造

断陷期构造主要表现为一系列断陷盆地群，它们受 NNE 向、NE 向的断裂控制，相互之间是分离的，总体表现为"东西分带、南北分区"的特征。根据断陷的发育和展布特征，松辽盆地的断陷层可分为 5 个构造单元和 30 多个断陷盆地，其中 5 个构造单元分别为中央断陷区、中央断隆区、东南断陷区、西南断陷区和西部断陷区。

2）坳陷期构造

嫩江运动主要表现为盆地的反转隆升活动，它控制着盆地坳陷层中断裂和褶皱的形成、形态及其分布。松辽盆地的坳陷层由上白垩统泉头组—嫩江组构成，受坳陷期沉积作用和反转改造的影响，坳陷层形成了一系列 NE 向、NNE 向连续相间排列的宽缓褶皱。根据基底结构和构造、地质演化史、岩浆活动程度和盖层沉积组合特征及构造样式，松辽盆地被划分为西部斜坡区、北部倾没区、中央坳陷区、东北隆起区、东南隆起区、西南隆起区和开鲁坳陷区 7 个一级构造单元和 49 个二级构造单元（图 5-3）。

3）反转期构造

松辽盆地经历的反转构造中有三期最为显著（迟元林等，2002）。最早的一期反转构造发生在阜新期末，该期反转构造运动使断陷地层抬升，致使阜新组沉积被大量剥蚀，形成一些低—中等强度的正反转构造，结束了松辽盆地的断陷沉积；该期反转构造影响的是盆地深部地层，对早期油气藏的形成有控制作用，但与浅部地层的砂岩型铀矿的形成关系不大。嫩江期末至明水组沉积时期的反转构造运动是松辽盆地南部地区最强烈的一次构造活动，盆地的断陷层和坳陷层均受到该反转构造的影响。这次反转构造运动持续时间长，不仅对盆地内的油气藏起到至关重要的作用，也是形成砂岩型铀矿含矿层的重要时期。

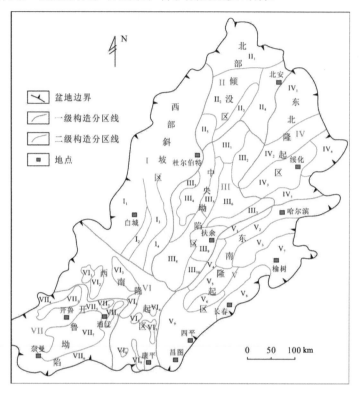

图 5-3　松辽盆地坳陷层构造单元区划

注：Ⅰ.西部斜坡区：Ⅰ₁.西部断陷带，Ⅰ₂.旺隆山隆起带，Ⅰ₃.中部缓坡带，Ⅰ₄.东部陡坡带；Ⅱ.北部倾没区：Ⅱ₁.嫩江阶地，Ⅱ₂.依安凹陷，Ⅱ₃.克山依龙背斜带，Ⅱ₄.乾元背斜带，Ⅱ₅.乌裕尔凹陷；Ⅲ.中央坳陷区：Ⅲ₁.黑鱼泡凹陷，Ⅲ₂.明水阶地，Ⅲ₃.龙虎泡—红岗阶地，Ⅲ₄.齐家—古龙凹陷，Ⅲ₅.大庆长垣，Ⅲ₆.三肇凹陷，Ⅲ₇.朝阳沟阶地，Ⅲ₈.长岭凹陷，Ⅲ₉.扶余隆起带，Ⅲ₁₀.双坨子阶地；Ⅳ.东北隆起区：Ⅳ₁.海伦隆起带，Ⅳ₂.绥棱背斜带，Ⅳ₃.绥化凹陷，Ⅳ₄.庆安隆起带，Ⅳ₅.呼兰隆起带；Ⅴ.东南隆起区：Ⅴ₁.长春岭背斜带，Ⅴ₂.宾县-王府凹陷，Ⅴ₃.青山口隆起带，Ⅴ₄.阜新背斜带，Ⅴ₅.钓鱼台隆起区，Ⅴ₆.杨大城子背斜带，Ⅴ₇.榆树—德惠凹陷，Ⅴ₈.九台阶地，Ⅴ₉.梨树凹陷；Ⅵ.西南隆起区：Ⅵ₁.白音花凹陷，Ⅵ₂.三棵树鼻状凸起，Ⅵ₃.瞻榆凹陷，Ⅵ₄.架马吐凸起，Ⅵ₅.大林凹陷，Ⅵ₆.巴颜塔拉凸起，Ⅵ₇.金宝屯凹陷，Ⅵ₈.呼勒斯诺尔凹陷，Ⅵ₉.张强凹陷；Ⅶ.开鲁坳陷：Ⅶ₁.陆家堡凹陷，Ⅶ₂.乌兰花凸起，Ⅶ₃.钱家店凹陷，Ⅶ₄.亚缘斜坡，Ⅶ₅.舍伯吐凸起，Ⅶ₆.哲东南凸起，Ⅶ₇.哲中凹陷。

资料来源：于文斌（2009）。

反转构造运动在松辽盆地南部尤为显著，其中东南隆起区最为强烈，西南隆起区和开鲁坳陷区则相对较弱，均表现为断层型和复合型的反转构造。在盆地中央坳陷区以及大型坳陷之间的隆起区，反转构造以褶皱型为主。反转构造主要呈鼻状构造、穹隆和中低幅度的背斜，并且同一形式的反转构造集中分布，组合成为一系列 NE 向、NNE 向的二级背斜带，从南东向北西以右行雁列式分布（图 5-4）。

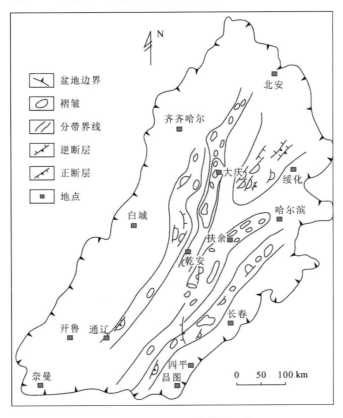

图 5-4　松辽盆地反转构造分布

注：Ⅰ. 通辽—红岗背斜带；Ⅱ. 大庆—乾安背斜带；Ⅲ. 青冈—安达背斜带；Ⅳ. 长春岭—阜新背斜带；Ⅴ. 青山口—杨大城子背斜带。

资料来源：于文斌（2009）。

4）新构造期构造

从新近纪至今，松辽盆地发生的构造运动主要为垂向运动，水平方向的构造作用较弱，表现出一系列火山活动、断裂以及褶皱现象。

5.4　盆地沉积—构造演化

从古生代末期开始，松辽盆地在复杂的地质背景下经历了完整的盆地形成和演化过程，大致可分为以下 7 个阶段（图 5-5；于文斌，2009）：

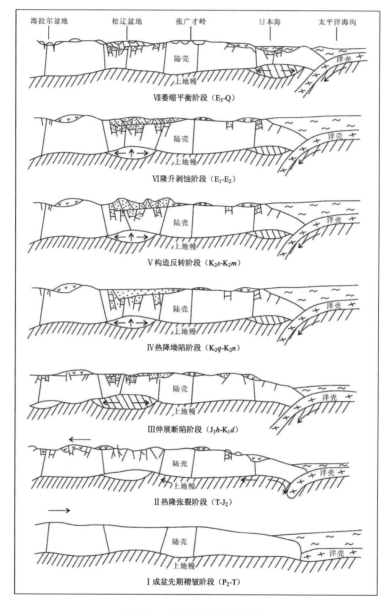

图 5-5 松辽盆地形成及演化

资料来源：于文斌（2009）。

5.4.1　成盆先期褶皱阶段

该阶段主要发生在中二叠世至三叠纪时期。古太平洋板块与欧亚板块在古生代末期至中生代早期发生碰撞，致使大陆向海洋方向倾斜，在现今的中国东北地区发生大规模褶皱。松辽地区在这个时期被大范围抬升，同时，强烈的岩浆活动伴随而来，导致大规模的花岗岩浆侵入。三叠纪早期，抬升的松辽地区在侵蚀夷平后出现了准平原化。

5.4.2　热隆张裂阶段

该阶段主要发生在三叠纪至中侏罗世时期。在印支运动的影响下，松辽地区向上抬升，海水逐渐退出而形成陆地，原始的三叠系沉积被剥蚀而造成地层的缺失。印支运动改变了松辽地区在早古生代形成的"东西分带，南北分区"的构造格局，形成了一系列 NE 向、NNE 向的构造带，形成了早中生代的基本构造格局。同时，断裂作用和岩浆活动标志着地壳开始活化。之后，随着太平洋板块的扩张，造成盆地早期的被动裂陷，形成盆地的雏形。

5.4.3　伸展断陷阶段

该阶段主要发生在晚侏罗世至早白垩世时期。自中侏罗世开始，燕山运动使松辽地区东西分异的构造格局进一步深化，早期的构造线被 NNE 向的控盆断裂所切割，导致东西构造的明显差异。松辽盆地古中央隆起的西侧岩石圈变形深度大，断层面倾角较大，发育了一系列地堑式的断陷盆地群，火山岩发育比较明显。在古中央隆起的东侧，构造变形的深度局限在地壳范围内，断层倾角较小，西断东超的箕状断陷盆地群发育，火山岩较少。燕山运动时期地壳活动总体强烈，同生断陷盆地和断块山前坳陷发育。在构造活动相对平静的早—中侏罗世和早白垩世，发育形成了稳定的煤和油页岩层。

5.4.4　热降坳陷阶段

该阶段主要发生在晚白垩世泉头组至嫩江组沉积时期。由于岩石圈的冷却收缩，从晚白垩世早期开始，松辽盆地进入坳陷演化阶段，地壳以不均一的整体形式下沉，断裂活动减弱。在泉头组一段和二段时期以粗碎屑岩和红色泥岩填充补齐断陷盆地，沉积岩层由早期的河流相红色粗碎屑岩变为晚期的河湖相正常砂、泥岩沉积，厚度在沉积中心部位可达 1 600 m。断陷盆地填平补齐的过程在泉头组三段基本完成，在随后的以曲流河沉积为主的泉头组四段沉积时期形成遍及松辽盆地的大规模超覆式沉积。松辽盆地的发育在青山口组—嫩江组沉积时期达到全盛，伴随两次大规模的湖侵事件，最终形成了统一的汇水盆地。

5.4.5　构造反转阶段

该阶段主要发生在四方台组至明水组沉积时期。自嫩江期末开始，松辽盆地发生大面积抬升，盆地开始萎缩，盆地内部反转构造活跃，盆地边缘也发生了强烈的掀斜作用。反转作用结束了坳陷层的沉积作用，形成一系列 NE 向、NNE 向的反转构造带。构造天窗是反转构造作用的产物之一，它控制着盆地内部砂岩地层氧化带的分布，为砂岩型铀矿的找矿方向提供了依据。罗毅等（2007）测得的钱家店砂岩型铀矿床有一期的成矿年龄为 67±5 Ma，被认为与反转构造作用同步。松辽盆地内的油、气运移及油气藏的形成也认为与反转构造活动密切相关。反转构造运动是不均一的，盆地的中部和东部被抬升成为陆地，地层遭受严重剥蚀，沉积中心向西迁移，四方台组和明水组只有在西部地区才有保存。

5.4.6　隆升剥蚀阶段

该阶段主要发生在古新世至渐新世时期。进入古近纪以后，松辽盆地在喜山运动中被整体抬升，古新世—始新世地层遭受剥蚀而缺失。从渐新世开始，盆地保持着内陆河湖沉积环境，地势总体比较平坦，沉积中心在差异性升降运动之下常发生迁移。晚白垩世地层在该时期遭受了强烈的后生改造作用，是盆地内砂岩型铀矿的重要成矿时期，成矿年龄为 40±3 Ma（罗毅等，2007）。

5.4.7　萎缩平衡阶段

该阶段发生在新近纪至今。受喜山运动的作用，松辽盆地继续被整体抬升。由于差异性升降的缘故，盆地东南隆起未接受沉积，沉积中心向西移动了 20～30 km，在盆地西部沉积保存了大安组和泰康组地层。进入第四纪以后，风积物、冲积物和洪积物在整个盆地范围内形成松散堆积。

5.5　区域矿产资源概况

　　石油、天然气和煤是松辽盆地主要的能源矿产。随着近年来对铀矿勘查工作的重视和投入不断增加，在松辽盆地南部的钱家店凹陷中已发现了钱家店、宝龙山、会田召和白兴吐等砂岩型铀矿床。松辽盆地中油气和铀矿资源的空间分布具有明显的区域性（图 5-6），已发现的铀矿床主要分布于松辽盆地西南部的钱家店

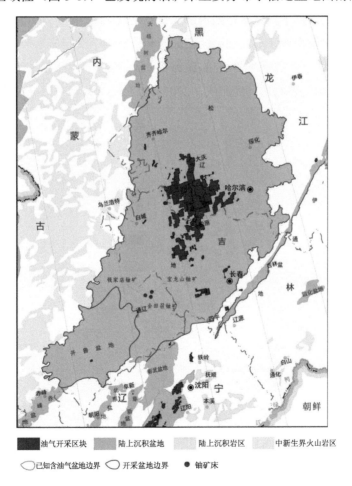

图 5-6　松辽盆地铀矿和油气藏分布图

凹陷中，而油气藏主要分布于盆地中部地区。2012 年以来，中国地质调查局天津地质调查中心（简称天津地调中心）组织大庆油田等单位对以往油田勘查钻孔资料进行二次开发，在开发过程中发现区内多个油田钻孔存在放射性异常。通过钻探验证，在大庆油田长垣隆起等地区发现了一批铀矿钻孔，实现了松辽盆地铀矿找矿勘查工作的重大进展，表明在松辽盆地中部也具有一定的铀矿找矿前景。

5.6 钱家店铀矿区地质特征

钱家店铀矿区位于松辽盆地西南部开鲁坳陷钱家店凹陷的东北部（图 5-7），行政区划隶属内蒙古通辽市。铀矿区交通便利，东侧距离高林屯火车站仅 4 km，有通辽市至白城市和齐齐哈尔市的铁路经过。通辽市区与铀矿工作区相距约40 km，有便利的公路相通（庞雅庆，2007）。

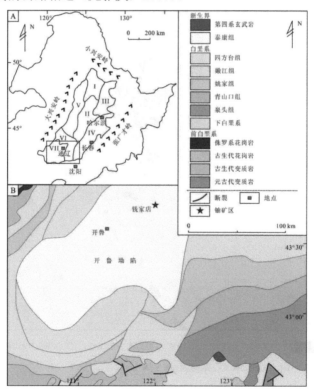

图 5-7 研究区位置（A）与构造纲要简图（B）

资料来源：Li et al.（2012），Deng et al.（2013），Bonnetti et al.（2017a），Zhao et al.（2018）。

钱家店铀矿区位于松辽平原西南部，属于西辽河、新开河冲积平原，主要为平川草原，部分地区沙化。地形平坦，地面坡角小于 5°，由南西向北东方向倾斜。气候为温带大陆性半干旱气候，年平均气温为 5～6℃，1 月气温最低，平均为 −17～ −12℃，最低气温为 −35℃；7 月气温最高，平均为 23～24℃，最高气温为 36℃；无霜期为 130～140 天。年降水量在 320～450 mm 之间，平均为 381 mm，降雨主要集中于 6—8 月，春、夏、秋、冬四季的降水量分别占年降雨量的 10%、70%、16% 和 4% 左右。年平均蒸发量在 1 800～2 000 mm 之间，远大于年降水量，干旱事件频发。研究区内人口稀少，蒙古族、汉族杂居，以农业和畜牧业为主。除了砂岩型铀矿外，矿区内还有硅砂、稀土以及石油和天然气资源。

5.6.1　矿区地层

钱家店铀矿区位于松辽盆地西南部，基底岩石主要由前寒武纪和古生代的变质岩系（Pei et al.，2007；Wang et al.，2006；Wu et al.，2001）、古生代和中生代的花岗岩系（Zhang et al.，2010；Wu et al. 2011）、古生代的沉积地层（Li et al.，2012；Zhou et al.，2012）以及晚侏罗世的中性和长英质火山岩系（Wang et al.，2002；Wu et al.，2001）构成。这些变质岩、花岗岩和火山岩是盆地中砂岩型铀矿的潜在铀源（Bonnetti et al.，2017a，2017b）。铀矿区内的沉积由白垩系和第四系地层组成。白垩系按形成环境分为下部断陷层位和上部坳陷层位，断陷层位由下白垩统九佛堂组、沙海组和阜新组组成，分布于白垩世的断陷盆地中，为河流相砂岩及湖泊、沼泽相灰色泥岩夹煤层建造，含有丰富的还原性物质；上部坳陷层位包括泉头组、青山口组、姚家组和嫩江组，是盆地弱伸展构造背景下的沉积产物，分布范围较广，沉积相带发育齐全，具有形成地浸砂岩型铀矿的地层岩性条件，特别是姚家组辫状河相砂体发育，是盆地内有利的铀成矿层位。研究区在晚白垩世嫩江期后经历了较长时间的缓慢抬升与掀斜运动，上白垩统四方台组、明水组以及古近系和新近系的沉积普遍缺失。

钱家店铀矿床赋矿层位为上白垩统姚家组，该组地层产状平缓，褶皱不发育，属构造弱活化区。姚家组岩层具有稳定的泥—砂—泥结构特征，是冲积扇—冲积平原体系中辫状河流相的沉积产物（图 5-8）。在钱家店凹陷内，姚家组可分为上下两个岩性段。姚家组下岩性段底部以含泥砾粗砂岩和中细砂岩为主，夹有薄层状的

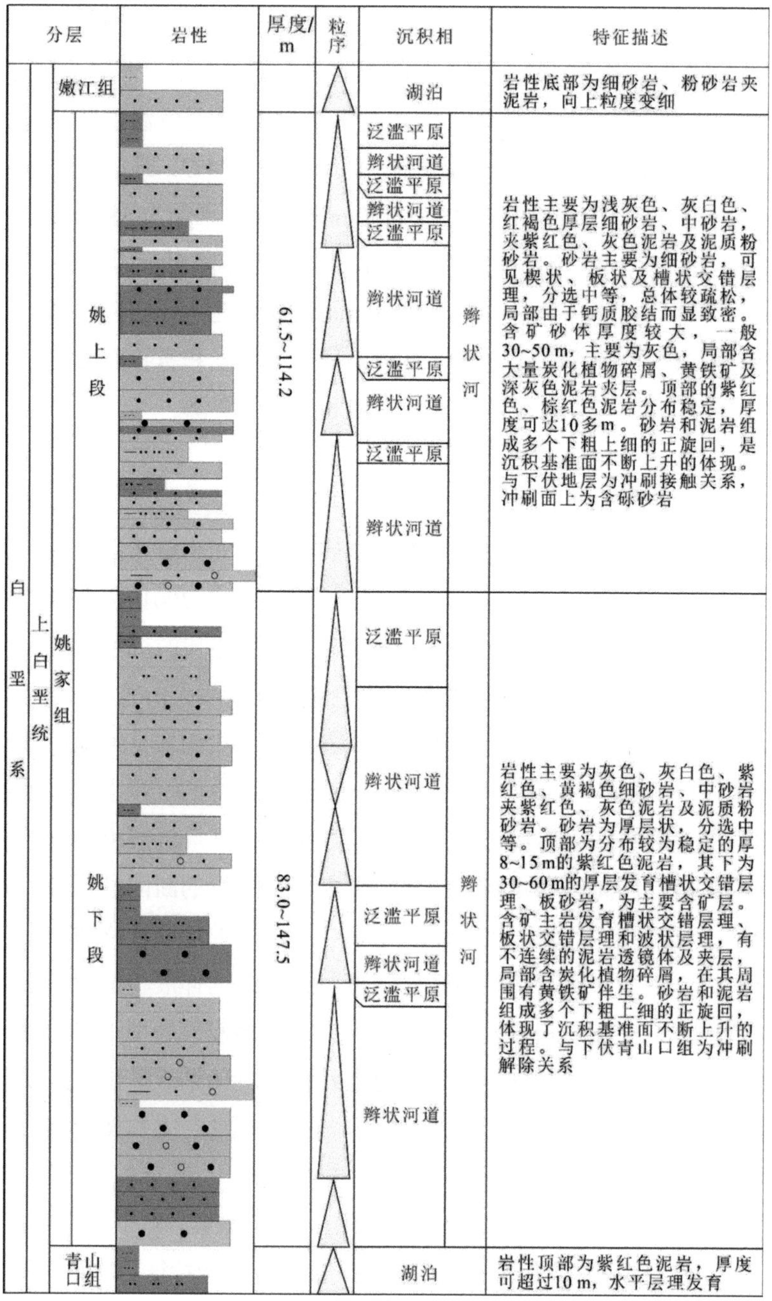

分层		岩性	厚度/m	粒序	沉积相		特征描述
	嫩江组				湖泊		岩性底部为细砂岩、粉砂岩夹泥岩，向上粒度变细
白垩系	姚上段		61.5~114.2		泛滥平原	辫状河	岩性主要为浅灰色、灰白色、红褐色厚层细砂岩、中砂质粉砂岩夹紫红色、灰色泥岩及泥质粉砂岩。砂岩主要为细砂岩，可见楔状、板状及槽状交错层理，分选中等，总体较疏松，局部由于钙质胶结而显致密。含矿砂体厚度较大，一般30~50 m，主要为灰色，局部含大量炭化植物碎屑、黄铁矿及深灰色泥岩泥岩夹层。顶部的紫红厚色、棕红色泥岩分布稳定，厚度可达10多m。砂岩和泥岩组成多个下粗上细的正旋回，是沉积基准面不断上升的体现。与下伏地层为冲刷接触关系，冲刷面上为含砾砂岩
					辫状河道		
					泛滥平原		
					辫状河道		
					泛滥平原		
					辫状河道		
					泛滥平原		
					辫状河道		
					泛滥平原		
					辫状河道		
上白垩统	姚家组 姚下段		83.0~147.5		泛滥平原	辫状河	岩性主要为灰色、灰白色、紫红色、黄褐色细砂岩、中砂岩夹紫红色、灰色泥岩粉砂岩。砂岩为厚层状，分选中等。顶部为分布较为稳定的8~15 m的紫红色泥岩，其下为30~60m的厚层发育槽状交错层理、板砂岩，为主要含矿岩。含矿主岩发育槽状交错层理、板状交错层理和波状层理，有不连续的泥岩透镜体夹层，局部含炭化植物碎屑，在其周围多有黄铁矿伴生。砂岩和泥岩组成多个下粗上细的正旋回，体现了沉积基准面不断上升的过程。与下伏青山口组为冲刷解除关系
					辫状河道		
					泛滥平原		
					辫状河道		
					泛滥平原		
					辫状河道		
	青山口组				湖泊		岩性顶部为紫红色泥岩，厚度可超过10 m，水平层理发育

图5-8 钱家店铀矿区姚家组地层综合柱状图

泥岩；中部为灰绿色含碳质碎屑中细砂岩及紫红色粉砂岩和泥岩；顶部为一套稳定的泛滥平原沉积的粉砂质泥岩，厚度在 8~15 m，是姚家组上下岩性段划分的标志性岩层。姚家组下岩性段岩层厚度为 83~147 m，底板埋深 270~530 m。姚家组上岩性段与下岩性段为冲刷接触关系，由多个下粗上细的正沉积旋回组成，底部为含砾中粗砂岩，向上变为厚层中细砂岩，并夹有红色和灰色粉砂质泥岩。岩层以三角洲平原砂质辫状河道沉积为主，交错层理发育；泛滥平原沉积的粉砂质泥岩层中可见水平层理。钱家店铀矿区内姚家组上段岩层厚度在 61~114 m。含矿主岩为灰色、灰白色长石岩屑细砂岩，普遍富含炭屑、黄铁矿。炭屑多呈长条状、碎片状、微层状产出；黄铁矿多呈胶状、粒状，有机质胞腔中可见草莓状黄铁矿。含矿砂岩的成分成熟度和结构成熟度均较低。

5.6.2　矿区构造与成矿

含矿目的层姚家组地层埋深一般为 300~500 m，厚 200~300 m。受构造抬升作用的影响，泉头组、青山口组、姚家组和嫩江组地层在钱家店凹陷以东和以南地区经历了长时间的剥蚀，保存不完整，并缺失了上覆的四方台组、明水组以及古近系和新近系的地层。钱家店凹陷以西的陆西凹陷中保存有四方台组地层，且该地层为铀储层。

钱家店凹陷的西北部有两条贯穿盖层的断裂发育，将深部的油气藏和上覆的姚家组等地层连通。罗毅等（2007）和郑纪伟（2010）等认为，来自深部油气藏中的有机还原性气体通过断裂进入姚家组后，为砂岩层中铀的还原和铀成矿提供了还原剂。罗毅等（2007）测得姚家组含矿砂体中 CH_4 含量平均为 422.67 μL/kg，且下段含量（487.39 μL/kg）要高于上段（327.14 μL/kg）。由于含矿地层中自身还原剂较少，因而认为该地区铀的还原沉淀可能主要依靠油气的还原作用。

钱家店地区勘探钻孔中还常被发现有辉绿岩，在空间上呈脉状分布（图 5-9A）（聂逢君等，2017）。因此，前人认为钱家店铀矿床的形成较为复杂，具有多源成因的特点。罗毅等（2012）认为，钱家店地区铀成矿具有“辫状河道洼地—反转隆升剥蚀构造天窗—贯通性基底断裂”三位一体的模式（图 5-10），认为铀矿床的形成经历了三个时期：①晚白垩世姚家组同生沉积阶段铀的预富集；②晚白垩世嫩江期末构造反转剥蚀区来自上部构造天窗渗入的含氧含铀水被来自下部沿断裂渗出的油气流体还原成矿；③古近纪岩浆热液叠加成矿。

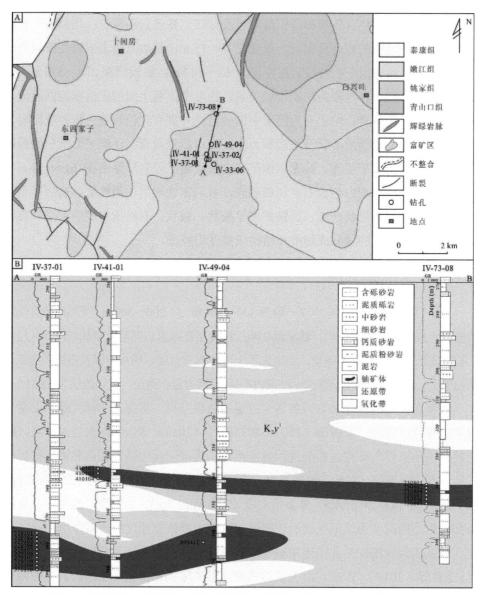

图 5-9 钱家店铀矿区前第四系地质简图与采样钻孔位置（A）和剖面图（B）

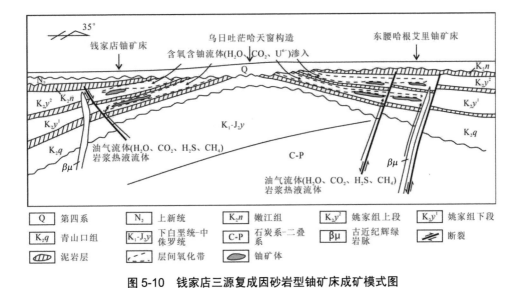

图 5-10　钱家店三源复成因砂岩型铀矿床成矿模式图

资料来源：罗毅，何中波，马汉峰，等. 2012. 松辽盆地钱家店砂岩型铀矿成矿地质特征[J]. 矿床地质，31（2）：
391-400.

5.6.3　矿体特征

上白垩统姚家组下段上部和上段下部的灰色砂体是主要的含矿砂体，铀矿体
产状与地层产状基本一致，在剖面上总体表现为似层状、透镜状（图 5-9B），在平
面上受辫状河道洼地的限制，呈圆饼状和不规则状（图 5-9A）。铀矿主矿体长 1 100～
1 300 m，宽度平均为 1 200 m，厚度在 3～9 m 之间，平均品位为 0.026%，最高品
位达到 1.7%。其他铀矿体长度在 100～400 m 之间，宽度为 50～200 m，厚度为 4～
8 m。此外，不同区块由于构造部位不同、矿体埋深不同，总体埋深在 180～450 m
之间，其中钱Ⅱ和钱Ⅴ块埋深为 180～350 m，钱Ⅲ和钱Ⅳ块埋深为 300～450 m。

姚家组上段铀矿体的规模不大，主要呈板状形态分布在舌形氧化带的前方，
位于与红、黄氧化性砂体接触的灰色砂体中。姚家组下段铀矿体主要以厚层板状
的形态分布在上部砂体氧化带尖灭的部位，局部呈似卷状的形态。铀矿体的形态
与分布位置表明钱家店铀矿床属于典型的层间氧化带的砂岩型铀矿，铀矿化的分

布受氧化带砂体的控制。

对钱Ⅱ块的研究发现,钱家店铀矿床在姚家组共发育六套矿层,从层序地层学的角度看分别对应姚家组的六套沉积旋回,其中姚下段为主要含矿层(夏毓亮,2015),含矿岩性为灰色、浅灰色中细砂岩。张明瑜等(2005)和罗毅等(2007)测定的矿床成矿年龄包括晚白垩世(96±14、67±5)Ma、古近纪(53±3、40±3)Ma和新近纪7 Ma,表明铀矿化经历了漫长的过程。然而,这些年龄是基于含矿砂岩全岩 U-Pb 同位素测年得到的结果,受矿前期砂岩碎屑矿物和胶结物影响很大,数值偏大,并且这是一种混合年龄值,不能表征实际的铀成矿时间。

第 6 章　研究区存在的问题和实验分析方法

松辽盆地钱家店地区上白垩统姚家组的砂岩型铀矿已发现有 20 多年，是我国继伊犁盆地之后第二个投入工业化开发的可地浸砂岩型铀矿床（荣辉等，2016），前人在铀矿成因机理和成矿时间方面对其作了不少研究，但仍存在诸多争议。

6.1　铀矿主要成因机理

从地质背景来看，华北地区中生代陆内沉积盆地都具有发育生物矿化的砂岩型铀矿的地质条件（Bonnetti et al.，20017a）：①盆地裂谷坳陷期构造——地层的演化有利于形成受限制的渗透性砂体，为板状或卷状铀矿体的形成提供空间条件，如松辽盆地（Song et al.，2014）和二连盆地（Bonnetti et al.，2014）；②在这些渗透性砂体中富含Ⅲ型、Ⅳ型干酪根等有机质（Bonnetti et al.，2015）或有石油烃充注（Cai et al.，2007a，2007b），为细菌参与铀矿化的新陈代谢作用提供了物质基础。

松辽盆地钱家店地区蚀源区的铀源丰富，目的层上白垩统姚家组层间氧化带发育，为形成大型铀矿床提供了必要条件（夏毓亮等，2003；陈方鸿等，2005；殷敬红等，2000；赵忠华等，1998）。含矿层以砂质辫状河流相为主（陈方鸿等，2005；蔡煜琦等，2008），渗透性较好，经历的地温小于 80℃（Xi et al.，2015），适宜微生物生长繁殖（Wenger et al.，2002；Hoefs，2015）。此外，钱家店凹陷内富含油气，局部地区可见油浸砂，含矿层内有来自下白垩统烃源岩的油气（田晓玲等，2001；梁文华，2003）侵入形成的油气包裹体（李宏涛等，2008），油气可能为微生物的新陈代谢提供了部分能量来源，增加了研究区微生物矿化的可能性。Bonnetti 等（2017a）研究钱家店凹陷内与钱家店铀矿床毗邻的白兴吐铀矿时，发现与铀矿物共生的、交代碎屑有机质的草莓状黄铁矿的硫同位素很轻，$\delta^{34}S$ 值在

−72.0‰～−6.2‰之间，是细菌硫酸盐还原作用的产物，证实了白兴吐铀矿的生物矿化机理。

然而，钱家店地区发育贯通性断裂，在很多钻孔中能见到辉绿岩（聂逢君等，2017），因而有不少学者认为该凹陷内与钱家店铀矿区邻近的会田召、宝龙山、白兴吐地区的铀矿床的形成都与基性岩浆活动的热液流体有关。徐喆等（2011）、吴仁贵等（2012）、蔡建芳等（2013）和翁海蛟等（2015）认为，基性岩浆的入侵引起区域地层流体增温，促使局部规模性的流体活动，热液流体萃取了基底富铀地层中的铀，富铀热液上升至姚家组时导致高岭石化、碳酸盐化、黄铁矿化、赤铁矿化、水云母—绢云母化等矿物蚀变现象以及姚家组的铀成矿作用。吴仁贵等（2011）甚至认为白兴吐铀矿是内生成矿，而不具有典型层间或潜水氧化作用成矿的特点。聂逢君等（2017）测得白兴吐铀矿含矿砂岩中碳酸盐胶结物（方解石、铁白云石和高铁白云石）和石英加大边中流体包裹体的均一温度在 67.4～178.8℃之间，认为开鲁坳陷中的铀成矿作用在后期受到与辉绿岩脉有关的岩浆热液改造作用。然而，以上所述的高岭石、碳酸盐、黄铁矿、赤铁矿、水云母—绢云母等矿物是否为热液流体蚀变产物？这些矿物是否与铀矿物具有成因联系？铀是否为内生来源？学者们并未给出充分的矿物学和地球化学依据。

6.2　铀矿成矿期次

前人基于全岩 U-Pb 同位素测年得到了钱家店铀矿床形成的一系列年龄，结果有 96±14 Ma、87±12Ma、67±5Ma、41±4Ma、40±3Ma、53±3Ma、7±0Ma（张明瑜等，2005；夏毓亮等，2010；罗毅等，2012；吴仁贵等，2012），指示铀成矿作用自姚家组沉积期开始几乎一直持续至新近纪，并将铀成矿作用划分为三个主要期次，即同生沉积阶段铀的初始富集、构造回返阶段深部油气还原成矿和构造热作用阶段叠加成矿（罗毅等，2012）。

然而，砂岩型铀矿往往经历了长期的、多期次的矿化作用（肖新建等，2004），形成的铀矿物一般处于开放系统中，容易发生蚀变作用（Janeczek et al.，1992b；Alexandre et al.，2005），并且铀矿物含量较低（<1%），这都使砂岩型铀矿的 U-Pb 同位素测年比其他类型的铀矿测年更为困难，即便在数据处理中将铀含量根据 U-Ra 平衡系数进行了校正，在一定程度上提高了测年精度，但是仍然存在以下问

题：①测年受矿化前砂岩碎屑矿物和胶结物的干扰较大，得到的年龄比实际矿化年龄要大；②即便能完全排除矿化前砂岩碎屑矿物和胶结物的干扰，得到的结果也是多期次铀矿化的混合年龄。

6.3 存在的问题

基于以上分析，钱家店铀矿的研究仍然存在以下几个主要问题：

（1）铀矿的主要成矿流体类型。携带铀元素聚集成矿的流体究竟是表生低温地层水还是基性岩浆热液流体，这是目前研究区争议的核心问题，需要结合岩石学、矿物学和地球化学证据进行综合探讨。

（2）铀矿的成因机理。在明确成矿流体类型的基础上，需要结合铀矿物本身的元素组成、形态学特征及其共生矿物的地球化学特征进一步分析铀矿的成因机理。

（3）铀矿的成矿年龄。目前研究区已有的铀矿物年龄的研究集中在岩石学的尺度，得到的是各期次铀矿物的混合年龄，需要从更微观的矿物学的尺度去测定铀矿物的实际形成年龄。

（4）微生物—油气对砂岩型铀矿成矿作用影响的普遍性。中国北方中生代沉积盆地中普遍发育砂岩型铀矿，有必要通过对比各典型铀矿的基本地质条件、矿物学和地球化学特征以及铀矿与煤和油气矿产的时空关系，初步探讨微生物—油气对砂岩型铀矿成矿作用的影响是否具有普遍性。

6.4 研究技术路线和实验分析方法

6.4.1 研究技术路线

基于研究区存在的问题，本书以松辽盆地开鲁坳陷钱家店地区上白垩统姚家组含铀矿层位的砂岩为研究对象，在充分调研前人研究成果的基础上，以岩石学、矿物学、地球化学等理论为指导，以光学显微镜、扫描电子显微镜、电子探针、微量元素、同位素和气相色谱等分析测试技术为手段，研究矿物组合和成岩序列，研究铀矿物的类型、分布、元素组成特征和年龄，成矿流体的特征和类型以及潜在的生物矿化证据等，以探讨铀矿成因机理和成矿模式。具体的研究技术路线见图 6-1。

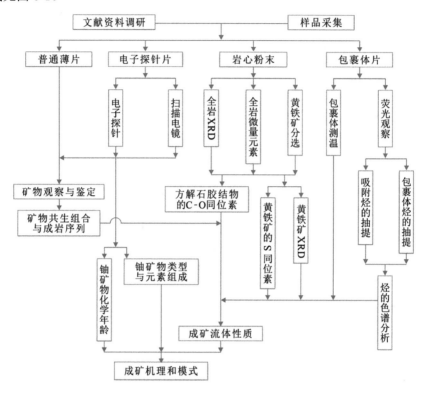

图 6-1 研究技术路线

6.4.2 样品与实验分析方法

在采样过程中，每一个采样点都用智能伽马辐射仪 HD-2000 进行了测试，以便有针对性地采取含矿样品。由于含矿层段厚度不大，而且已经被多次采样，所剩的矿段岩心较少，分布比较集中，因此本研究所采样品均来自姚家组下段（部分采样位置见图 5-9）。对所采样品做进一步筛选后，最终选择了来自 6 个钻孔的 25 个样品做进一步测试，这些样品均为含矿样品，U 含量均高于钱家店凹陷中原始还原性砂岩总体的 U 含量背景值 $7.6×10^{-6}$（Bonnetti et al., 2017a）。这些样品绝大部分含矿度很高，在后文的描述中称其为富矿砂岩（U 含量大于 $100×10^{-6}$）；少数样品含矿程度较低，在后文的描述中称其为低含矿砂岩（U 含量小于 $100×10^{-6}$）。

样品基本情况见表 6-1。

表 6-1　钱家店地区含矿砂岩样品采样概况及样品铀含量

样品	钻孔	深度/m	岩性	U 含量/ 10^{-6}
490412	QIV-49-04	362.0	灰色细砂岩	189.85
330616	QIV-33-06	391.2	灰色钙质细砂岩	20.08
410102	QIV-41-01	347.6	黄灰色中砂岩	3 139.86
410103	QIV-41-01	347.8	灰色细砂岩	2 453.62
410104	QIV-41-01	347.9	灰色粉砂岩	822.22
370201	QIV-37-02	326.0	灰色钙质细砂岩	24.39
370202	QIV-37-02	329.8	灰色钙质中砂岩	122.71
370206	QIV-37-02	346.6	黄灰色细砂岩	880.07
370207	QIV-37-02	346.9	黄灰色中砂岩	1 518.41
730801	QIV-73-08	341.5	灰色中砂岩	216.04
730802	QIV-73-08	342.0	黄灰色中砂岩	889.37
730804	QIV-73-08	343.1	黄灰色中砂岩	639.42
730805	QIV-73-08	343.3	灰色中砂岩	474.29
730806	QIV-73-08	343.6	黄灰色中砂岩	756.13
730807	QIV-73-08	344.0	黄灰色中砂岩	749.58
370101	QIV-37-01	378.9	黄灰色细砂岩	564.03
370102	QIV-37-01	379.0	黄灰色细砂岩	1 352.52
370103	QIV-37-01	379.1	黄灰色细砂岩	1 521.52
370104	QIV-37-01	379.2	黄灰色中砂岩	210.99
370105	QIV-37-01	379.7	灰黄色钙质中砂岩	193.80
370106	QIV-37-01	380.0	灰黄色钙质中砂岩	829.79
370107	QIV-37-01	380.1	灰黄色钙质中砂岩	—
370108	QIV-37-01	380.2	灰黄色钙质中砂岩	309.89
370109	QIV-37-01	380.4	灰黄色钙质中砂岩	1 600.94
370110	QIV-37-01	382.8	灰色细砂岩	269.12

1）微量元素测试

含矿砂岩的微量元素分析在中国科学院地质与地球物理研究所成矿年代学实验室完成，采用 $HNO_3 + HF$ 法做样品前处理，利用电感耦合等离子体质谱仪（ICP-MS）进行分析测试（靳新娣等，2000；李文君等，2012）。具体实验步骤如下：准确称取 200 目的粉末样品 40 mg 置于 Teflon 溶样罐中，加入 0.5 mL（1+1）(*V*/*V*) HNO_3 和 1.0 mL HF，加盖超声振荡 15 min，在 150℃电热板上蒸至近干；加入 0.5 mL（1+1）HNO_3 和 1.5 mL HF，加盖并套上热缩管，拧紧耐酸合金钢外套，放入烘箱内，逐渐升温到 200℃，保温 5 d，开盖蒸至近干；加 2.0 mL（1+1）HNO_3，拧紧罐盖，于 150℃烘箱保温 12 h，随后再次蒸至近干；加 2.0 mL（1+1）HNO_3，拧紧罐盖并保温过夜；待冷却后将溶液转移到 50 mL PE 瓶中，加入 1.0 mL 浓度为 500×10^{-9} 的 In 内标，用浓度为 1%的 HNO_3 稀释至 50 g，摇晃均匀，在 Finnigan 公司生产的 ICP-MS ELEMENT 上进行分析测试。测试过程中采用外标法，以组合标准溶液制作工作曲线，以 In 为内标校准仪器漂移，以国家标准参考物质（花岗岩 GSR1 和玄武岩 GSR3）进行质量监控，精确度为±5%。

2）光学显微镜、扫描电镜和电子探针分析

利用中国地质调查局天津地质调查中心实验室的光学显微镜、扫描电镜和电子探针对薄片进行岩石学和矿物学的研究。光学显微镜 Zeiss Axioskop 40 具有偏振光和反射光功能，能同时用于透明矿物和非透明金属矿物的光学特征的观察。扫描电镜 Shimadzu SS-550 主要用于观察富矿岩石薄片中铀矿物和与之共生的黄铁矿中是否具有微生物结构。铀矿物的化学组成通过电子探针 Shimadzu EPMA-1600 测试，加速电压为 15 kV，电子束流为 20 nA，束斑直径根据铀矿物颗粒大小选择在 1～5 μm，元素测量时间为 20 s。

3）XRD

XRD 实验在中国科学院地质与地球物理研究所岩矿制样与分析实验室进行。XRD 实验用于测试 8 个碳酸盐胶结物的砂岩的矿物组成，以明确样品中碳酸盐胶结物的矿物种类，为后续有针对性地测试某种碳酸盐胶结物的碳-氧同位素组成提供依据。此外，由于黄铁矿和白铁矿是同分异构体，常规的化学法无法区分，而且当白铁矿的量极少时，在光学显微镜下也难以识别（Reynolds et al.，1983），因此，本研究中利用 XRD 从晶体结构的角度来检测分选富集后的二硫化亚铁矿物中是否有白铁矿的存在。由于样品中二硫化亚铁（主要为黄铁矿）的含量较低，从单个样品中分选出来的二硫化亚铁的量较少，为了满足 XRD 实验对样品量的要求，将 13 个样分选出的二硫化亚铁矿物混合成一个样品进行测试。X 射线衍射仪使用的是日本理学公司的 D/max-rB，X 射线源为 CuKα，扫描速度为 8°（2θ）/min，扫描范围为 3°～70°，管电压为 40 kV，管电流为 100 mA。测试之前，将样品在 40℃下烘干 24 h，然后用玛瑙研钵研磨至 300 目以下，使矿物完全分散。测试完成后，用衍射图定性识别和半定量分析各种矿物的相对含量。

4）碳、氧同位素测试

碳酸盐胶结物的碳、氧同位素采用 GasBench-IRMS 联用的在线法测试，具体实验步骤（Spötl et al.，2003；Li et al.，2014）如下：①根据 XRD 测试结果，选择以方解石为唯一的碳酸盐胶结物的样品，将样品粉碎研磨至 200 目，根据岩石中方解石的百分含量，称取约 1.0 mg 粉末样品进行实验。②实验温度为 72℃，以纯度为 99.999%的氦气净化反应环境。③样品与磷酸反应生成的 CO_2 由氦气带入 MAT 253 同位素质谱仪，测定其碳、氧同位素组成。④同位素测试值均为相对国际标准 V-PDB 之值，测试过程中使用的标准物质为 GB W04416，实验室内部标准物质 $CaCO_3$ 得到 $\delta^{13}C$ 的精确度为±0.10‰，$\delta^{18}O$ 的精确度为±0.15‰。

实验在中国科学院地质与地球物理研究所稳定同位素地球化学实验室完成。GasBench II 配有瑞士 CTC Analytics 公司的 Combi PAL 自动进样器、美国 Thermo Fisher 公司的 ConFlow IV 接口以及美国 Agilent 公司的 PoraPlot Q 色谱柱（30 m×0.32 mm×20 μm）、恒温样品盘和酸泵，美国 Thermo Fisher 公司的 MAT 253 同位素质谱仪配有高灵敏电子轰击离子源和 10 kV 离子传输系统等。

5）硫同位素测试

黄铁矿的硫同位素在中国科学院地质与地球物理研究所稳定同位素地球化学实验室测试，采用的是传统的离线测试法（Feng et al.，2010，2014）。具体实施步骤如下：①将砂岩粉碎至 60 目以下，分选出黄铁矿。②称取黄铁矿粉末样品约 12 mg，将其与 V_2O_5 以 1∶8 的比例均匀混合，然后放入反应炉中。③使反应炉处于真空状态，加热到 940℃后保持恒温。反应持续 30 min 后，将产生的 SO_2 气体导入德国 Finnigan 公司制造的 Delta S 型质谱仪中进行硫同位素的测试。④测试过程中使用的实验室内部标准物质为 LTB-2（黄铁矿，$\delta^{34}S = 1.84‰$）。硫同位素组成（$\delta^{34}S$）为相对于国际标准 Vienna-Canyon Diablo Troilite（V-CDT）的对比值，分析测试的精确度优于±0.2‰。

6）电子探针化学年龄测试

砂岩型铀矿铀矿物的定年比其他类型铀矿要困难。首先，砂岩型铀矿中通常难以找到能用于 U-Pb 同位素测试的足够量的粗粒铀矿物；其次，砂岩型铀矿的铀矿物一般处于开放系统中；最后，Pb 元素与铀矿物结构是不相容的，而铀矿物容易发生蚀变作用（Janeczek et al.，1992b；Alexandre et al.，2005），限制了铀矿物 U-Pb 定年的准确性。基于电子探针分析（EMPA）的化学 U-Th-Pb 定年法是进行铀矿物地质年代学研究的一种有效手段，具有空间分辨率高、价格便宜的特点（Kempe，2003；Alexandre et al.，2005；Cross et al.，2011），能够提供铀矿物矿化的最小年龄。电子探针化学定年法的有效适用范围为 2～700（1 000）Ma（Bowles，2015），该方法已经广泛应用于各种矿物年龄的测定，如锆石、磷钇矿（Suzuki et al.，1991）、独居石（Montel et al.，2000；Cocherie et al.，2005；Schulz et al.，2011；Bonnetti et al.，2017b）、钍石、硅钍石（Jercinovic et al.，2005）以及磷灰石（Hu et al.，2013）。砂岩型铀矿中铀矿物的年龄也可采用电子探针化学法测定（Frimmel et al.，2014；Zhang et al.，2017），Deditius 等（2008）在对美国新墨西哥州 Grants 铀矿区砂岩型铀矿铀石年龄的研究中，发现所测得的电子探针化学年龄与 U-Pb 同位素年龄一致。

钱家店铀矿具有多期次矿化的特点（张明瑜等，2005；罗毅等，2007，2012；夏毓亮等，2010），铀矿物粒度小，因而可以借助电子探针化学定年法空间分辨率高的特点研究矿化作用的年代和期次。为了提高化学定年的准确性，采用 20 kV 的加速电压，40 nA 的电子束流，束斑直径为 2 μm，Pb 元素测量的峰值时间为 100 s，峰两侧的背景时间各 50 s，U 元素和 Th 元素测量的峰值时间均为 60 s，峰两侧的背景时间为各 30 s。铀矿物化学年龄的计算采用如下公式（Bowles，1990）：

$$Pb = {}^{238}U\ (e^{\lambda_1 t} - 1)\ + {}^{235}U\ (e^{\lambda_2 t} - 1)\ + Th\ (e^{\lambda_3 t} - 1)$$

其中，λ_1、λ_2 和 λ_3 分别代表 ^{238}U（0.000 155 125 Ma^{-1}；Jaffey et al.，1971）、^{235}U（0.000 984 85 Ma^{-1}；Jaffey et al.，1971）和 ^{232}Th（0.000 049 475 Ma^{-1}；LeRoux et al.，1963）的衰变常数，^{238}U 和 ^{235}U 分别等于 0.992 739 和 0.007 204 乘以所测得的 U 含量。该方程可通过迭代法求解，迭代过程中最小时间增量为 1 Ma。计算

程序设计流程见图 6-2。

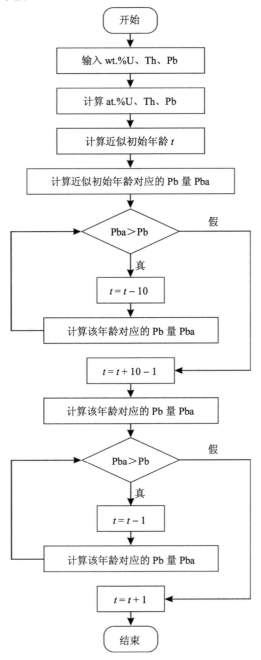

图 6-2 电子探针化学年龄计算程序设计流程

基于软件 Matlab R2010b 的程序代码如下：

```
U0=input('please input wt.% U: ');
Th0=input('please input wt.% Th: ');
Pb0=input('please input wt.% Pb: ');
U=U0/238.03;
Th=Th0/232.04;
Pb=Pb0/207.2;
m1=0.000155125;
m2=0.00098485;
m3=0.000049475;
t=log(Pb/U+1)/m1;
display('initial age:')
t
Pba=U*(0.992739*(exp(m1*t)−1)+0.007204*(exp(m2*t)−1))+Th*(exp(m3*t)−1);
display('initial calculated Pb(at%):')
Pba
Pbw=Pba*207.2;
display('initial calculated Pb(wt%):')
Pbw
while Pba>Pb
t=t-10;
display('time increment of 10 Ma')
t
Pba=U*(0.992739*(exp(m1*t)−1)+0.007204*(exp(m2*t)−1))+Th*(exp(m3*t)−1);
Pbw=Pba*207.2;
display('temporary calculated Pb(wt%):')
Pbw
end
t=t+10-1;
```

```
display('initial age:')

t

Pba=U*(0.992739*(exp(m1*t)−1)+0.007204*(exp(m2*t)−1))+Th*(exp(m3*t)−1);

display('initial calculated Pb(at%):')

Pba

Pbw=Pba*207.2;

display('initial calculated Pb(wt%):')

Pbw

while Pba>Pb

t=t−1;

display('time increment of 1 Ma')

t

Pba=U*(0.992739*(exp(m1*t)−1)+0.007204*(exp(m2*t)−1))+Th*(exp(m3*t)−1);

Pbw=Pba*207.2;

display('temporary calculated Pb(wt%):')

Pbw

end

t=t+1;

age=t;

display('final age:')

age
```

7）油气包裹体烃类抽提与色谱—质谱分析

砂岩中吸附烃类和油气包裹体烃类的抽提在中国科学院地质与地球物理研究所进行，采用的是离线破碎法（Karlsen et al.，1993；George et al.，1997，1998，2004；Cai et al.，2007a）。首先，把约 50 g 样品轻轻敲碎至 40～60 目，再用去离子水离心洗净样品。其次，用二氯甲烷和甲醇的混合液（93∶7）对样品进行索氏抽提 72 h，抽提得到砂岩中颗粒表面吸附的可溶有机质。待样品自然风干后，将样品置于玛瑙研钵中，浸没在二氯甲烷中细细研磨，用二氯甲烷和甲醇的混合液（93∶7）再次对样品进行索氏抽提 72 h，使包裹体中释放出的烃类全部溶于有机抽提液。

抽提得到的吸附有机质和包裹体有机质烃类的 GC-MS 分析在中国石油大学（北京）重质油国家重点实验室的 Agilent 7890-5975C 气相色谱—质谱联用仪上进行。载气为纯度 99.999%的氦气，载气流速为 1.0 mL/min，进样口和传输线的温度均为 300℃。色谱柱为 HP-5MS 弹性石英毛细柱（60 m × 0.25 mm × 0.25 μm），色谱柱升温程序为：50℃恒温 1 min，然后以 20℃/min 的速率升至 120℃，继而以 4℃/min 的速率升至 250℃，再以 3℃/min 的速率升至 310℃，保持恒温 30 min。质谱电子束能量为 70 eV，灯丝电流为 100 μA，倍增器电压为 1 200 V。

第7章　含矿砂岩岩石学特征

样品的岩石学和矿物学观察是成矿机理分析的基础。本书通过细致的宏观岩石学和显微矿物学观察，归纳出与成矿作用有关的矿物组合，建立了矿物成岩序列，并重点针对铀矿物本身以及与铀矿物具有空间关系的其他自生矿物作进一步分析，初步探讨了这些矿物的形成条件和形成机理，为后续直接和间接探讨铀矿物的成因机理和成矿模式奠定基础。

7.1　含矿砂岩宏观岩石学特征

钱家店地区含矿层位姚家组砂岩主要为灰色、灰白色的厚层中砂岩和细砂岩，夹黄灰色、紫红色细砂岩。本研究主要针对含矿砂岩。由于含矿钻孔少，含矿钻孔的含矿层段厚度小，且已被多次采样，因此保留下来的含矿岩心数量有限。受岩心保存条件影响，含矿层段的岩心总体比较零碎，难以从宏观角度准确地观察其有可能保存的沉积构造现象。本研究所采的含矿砂岩的颜色总体表现为灰色至灰黄色，局部夹紫红色的斑块，这与传统砂岩型铀矿成矿模式中氧化还原过渡带成矿砂岩的特征一致。含矿砂岩从宏观岩石学上大致可分为四类。

第一类含矿砂岩为灰色细砂岩，分选好，部分为钙质胶结，偶尔可见少量细碎的碳质碎屑（图 7-1A）。这类砂岩含矿程度较低，U 含量低于 100×10^{-6}。

第二类含矿砂岩为灰色含碳质碎屑细、粉砂岩，分选好，非钙质胶结（图 7-1B）。这类砂岩含矿程度很高，U 含量可达 $3\,000 \times 10^{-6}$。

第三类含矿砂岩为黄灰色中、细砂岩，分选好，非钙质胶结且较疏松（图 7-1C）。这类砂岩含矿程度较高，U 含量通常为数百 $\times 10^{-6}$，最高可达 $1\,500 \times 10^{-6}$。

第四类含矿砂岩为灰黄色中砂岩，分选好，钙质胶结，常见紫红色斑块，偶尔夹有灰色泥砾（图 7-1D）。这类矿砂岩含矿程度较高，U 含量通常为数百 $\times 10^{-6}$，

最高可达 $1\ 600\times10^{-6}$。

图 7-1 钱家店铀矿含矿砂岩岩心照片

注：A 为样品 330616，U 含量为 20.08×10^{-6}；B 为样品 410103，U 含量为 $2\ 453.62\times10^{-6}$；C 为样品 730807，U 含量为 749.58×10^{-6}；D 为样品 370109，U 含量为 $1\ 600.94\times10^{-6}$。

根据砂岩的胶结类型，富矿砂岩分为钙质胶结和非钙质胶结两类，其中钙质胶结的富矿砂岩的胶结物主要为方解石，在岩心新鲜面上滴稀盐酸起泡剧烈。富矿砂岩不同的胶结类型可能反映了不同流体介质条件或不同期次的成矿作用，具体的成矿机理将结合后续微观的岩石学观察和地球化学分析作进一步讨论。

7.2 含矿砂岩矿物组成与矿物成岩序列

含矿砂岩的显微岩石学观察需借助显微镜（偏振光+反射光）以及配有 X 射线能谱仪的扫描电镜和电子探针。

7.2.1　矿物组成

在对砂岩的矿物组成的研究中，首先将矿物分为矿物碎屑和自生矿物两大类。

碎屑颗粒是由母岩继承下来的陆源碎屑物质沉积组分。富矿砂岩中主要的碎屑颗粒包括石英（含量在 30%～51%范围内）、长石（含量在 22%～30%范围内）和岩石碎屑（含量在 18%～24%范围内）。基于 Pettijohn（1957）对砂岩岩石类型的划分，钱家店富矿砂岩属于岩屑长石砂岩。此外，根据电子探针分析发现，富矿砂岩中的碎屑颗粒还包括少量的锆石、重晶石、钛铁矿、磷灰石、白云母、金红石、独居石和天青石。这些碎屑颗粒呈棱角状或次棱角状，分选差或较差，表明研究区的砂岩距离母岩区不远，表现出近源和快速沉积的特征。

石英是富矿砂岩中含量最高的碎屑颗粒，含量在 30%～51%范围内。在钙质的富矿砂岩中，石英颗粒常呈现溶蚀现象，或被铀矿物、黄铁矿和方解石交代（图 7-2）。本次研究的富矿砂岩中没有观察到自生石英加大边，说明含矿地层经历的地温较低（小于 80℃；杨晓勇等，2009），并且介质环境为非酸性（图 7-3；曾允孚等，1986）。长石中碱性长石和斜长石均可见，都表现为碎屑颗粒的形式，呈他形，偶尔也可见局部的自形。长石也可见局部的溶蚀现象，溶解部位可见铀矿物、黄铁矿和方解石充填。由于长石在弱酸性和弱碱性（pH 为 6～8）介质较稳定，溶解度最小，而在酸性和碱性介质中溶解度高（图 7-3；Hellmann，1994；罗孝俊等，2001；张永旺等，2009a，2009b），可进一步推测，在富矿砂岩的铀矿化阶段，流体介质是弱碱性—碱性。同时，由于钙质富矿砂岩中嵌晶状方解石胶结物无溶蚀的痕迹，表明从铀矿化开始至今含矿层的流体始终保持着偏碱性状态（图 7-3；曾允孚等，1986；姜在兴，2010）。

通过显微岩石学研究还发现富矿砂岩中的自生矿物包括高岭石、伊利石、黄铁矿、闪锌矿、菱铁矿、铁白云石、白云石、方解石、赤铁矿、重晶石（图 7-4）、铀石和沥青铀矿。此外，通过 XRD 实验发现分选出的二硫化亚铁矿物中白铁矿的含量占 3%，而全岩中黄铁矿的含量均在 4%以下（表 7-1），由此得出全岩中白铁矿的含量低于 0.12%，表明白铁矿在砂岩中含量极低。同样，在反射光显微镜下只能观察到呈亮黄色反射色的黄铁矿（图 7-5），而无法观察到呈黄白色反射色的白铁矿。因此，本研究中将化学方法检测到的二硫化亚铁矿物均视为黄铁矿。

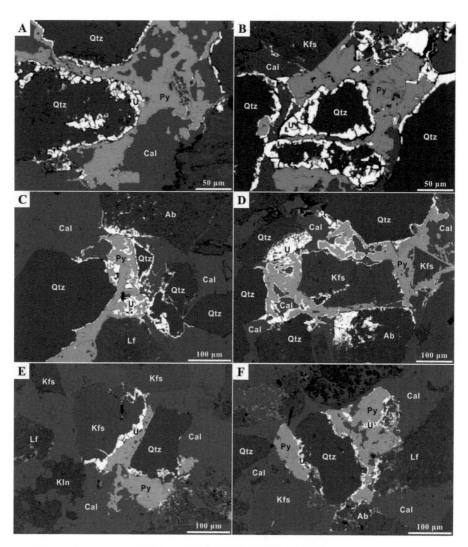

图 7-2 钙质富矿砂岩背散射电子图像

注：A、B. 样品 370106，C、D. 样品 370107，E、F. 样品 370109。Qtz. 石英，Kfs. 钾长石，Py. 黄铁矿，U. 沥青铀矿，Cal. 方解石，Ab. 钠长石，Lf. 岩石碎屑，Kln. 高岭石。

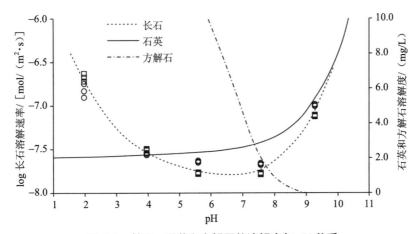

图 7-3　长石、石英和方解石的溶解度与 pH 关系

资料来源：曾允孚等（1986），Hellmann（1994），姜在兴（2010）。

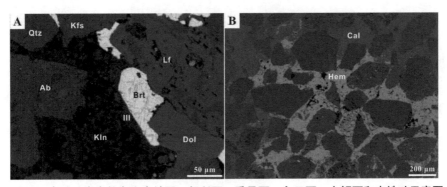

图 7-4　含矿砂岩中的自生高岭石、伊利石、重晶石、白云石、方解石和赤铁矿示意图

表 7-1　钱家店地区含矿砂岩 XRD 分析结果　　　　　　单位：%

样品	石英	斜长石	碱性长石	方解石	铁白云石	菱铁矿	赤铁矿	黄铁矿	高岭石	伊利石
330616	33	19	10	bdl	34	bdl	2	bdl	2	bdl
370201	33	21	9	3	24	bdl	1	bdl	3	5
370202	38	17	9	30	bdl	bdl	1	bdl	2	4
370105	30	15	13	32	bdl	bdl	bdl	2	3	6
370106	42	14	8	25	bdl	bdl	bdl	4	3	5
370108	33	16	13	31	bdl	bdl	bdl	bdl	2	5
370109	40	17	8	24	bdl	bdl	bdl	3	2	6
370110	51	14	8	bdl	5	3	bdl	1	4	14

注：bdl 为低于检测下限。

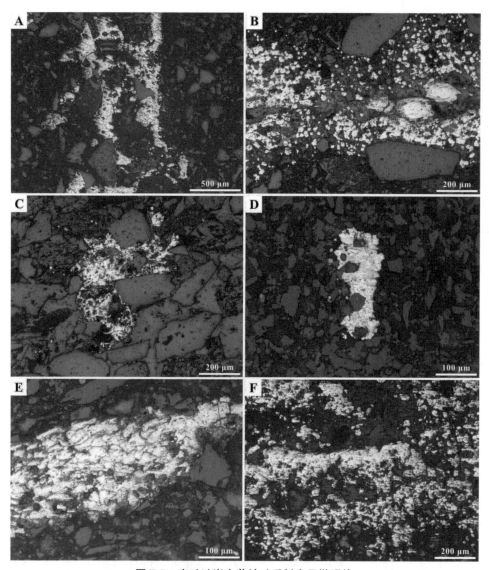

图 7-5　富矿砂岩中黄铁矿反射光显微照片

注：A. 样品 370101，B. 样品 370102，C. 样品 370109，D. 样品 370110，E. 样品 410102，F. 样品 410104。

富矿砂岩中的黏土矿物包括两类，一类是机械成因的杂基黏土矿物；另一类是自生黏土矿物，其中自生黏土矿物主要为高岭石和伊利石，围绕碎屑颗粒生长或者充填空隙（图 7-4）。XRD 实验结果显示，富矿砂岩中的伊利石含量高于高岭石，前者占全岩组成的 4%～14%，而后者只占 2%～4%（表 7-1），并且高岭石在富矿砂岩和低含矿砂岩中的含量相近，而伊利石在富矿砂岩中的含量高于低含矿砂岩，低含矿砂岩中甚至不含伊利石。由此可见，高岭石与铀成矿关系不大，除了机械成因的杂基高岭石外，少量的自生高岭石只是形成于矿前期；伊利石与铀成矿关系密切，除了机械成因的杂基伊利石外，矿化期还有较多自生伊利石形成。自生高岭石和伊利石形成时间的差异也指示了不同阶段的流体性质（Northrop et al.，1990），矿前阶段形成自生高岭石指示弱酸性的流体介质，矿化期形成的伊利石指示弱碱性—碱性的流体介质，这与前文中石英、长石和方解石的矿物学特征一致。

7.2.2　矿物成岩序列

如前文宏观岩石学观察所述，富矿砂岩根据胶结类型的不同可以分为钙质胶结和非钙质胶结两类，通过显微岩石学观察，进一步印证和深化了对这两类富矿砂岩的认识，钙质胶结的富矿砂岩中胶结物基本都是方解石，含量在 24%～32%（图 7-2），非钙质胶结的富矿砂岩中填隙物主要为机械成因的杂基，成分复杂（图 7-6、图 7-7）。有意思的是，通过电子探针分析发现，钙质富矿砂岩中的铀矿物均为沥青铀矿，沥青铀矿中 UO_2 元素的含量在 78.57%～81.64%，含有少量的 Si 元素和 P 元素，其 SiO_2 的含量在 0.63%～1.53%范围内（平均值为 1.00%），P_2O_5 的含量在 1.92%～2.49%范围内（平均值为 2.16%）。

非钙质富矿砂岩中的铀矿物均为铀石，铀石相对于沥青铀矿而言，U 元素含量较低，而 Si 元素和 P 元素含量较高，其 UO_2、SiO_2 和 P_2O_5 的含量分别为 59.36%～72.68%（平均值为 67.46%）、6.67%～8.64%（平均值为 7.41%）和 7.38%～8.95%（平均值为 8.06%）（表 7-2）。钙质胶结和非钙质胶结这两类富矿砂岩中铀矿物的化学组成及其地质意义将在本书第 7.5 节作详细分析，本节只讨论矿物的组合关系。

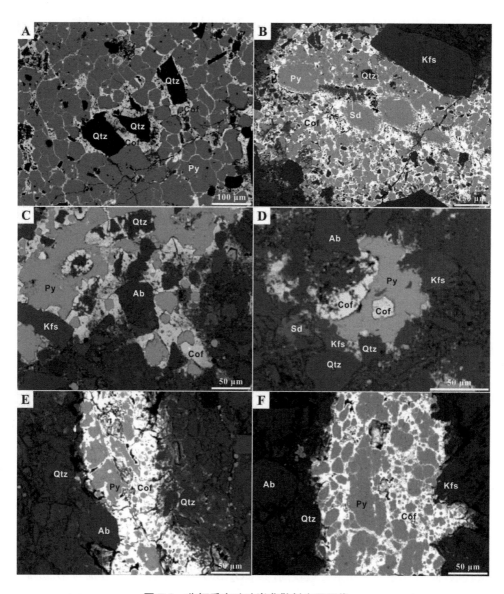

图 7-6 非钙质富矿砂岩背散射电子图像一

注：A、B. 样品 370102，C、D. 样品 370103，E、F. 样品 410102。Qtz. 石英，Kfs. 钾长石，Py. 黄铁矿，Cof. 铀石，Ab. 钠长石，Sd. 菱铁矿。

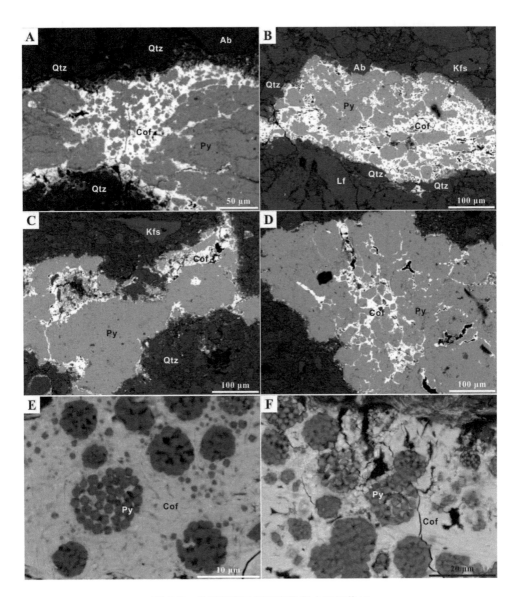

图 7-7　非钙质富矿砂岩背散射电子图像二

注：A、B. 样品 410103，C、D. 样品 410104，E. 样品 410102，F. 样品 410103。Qtz. 石英，Kfs. 钾长石，Py. 黄铁矿，Cof. 铀石，Ab. 钠长石，Lf. 岩石碎屑。

表 7-2　钱家店地区铀矿物电子探针数据

成分	铀石/%									沥青铀矿/%					
	370102-1	370102-2	370103-1	370103-2	410102-1	410102-2	410103-1	410104-1	410104-2	370106-1	370106-2	370107-1	370107-2	370109-1	370109-2
Na_2O	0.14	bdl	1.15	1.04	bdl	bdl	bdl	0.06	0.08	1.43	1.48	0.47	0.97	1.27	1.00
Al_2O_3	0.11	0.05	0.16	0.09	0.08	0.08	0.13	0.10	0.11	0.01	bdl	0.13	0.03	bdl	0.03
PbO_2	0.02	0.03	0.01	0.11	bdl	bdl	bdl	bdl	bdl	0.03	0.01	0.04	bdl	0.05	bdl
ThO_2	bdl	0.01	0.12	0.06	0.14	0.05	0.06	0.14	0.26	bdl	bdl	bdl	bdl	bdl	0.01
UO_2	68.02	70.07	59.36	63.28	69.51	72.68	67.94	67.85	68.42	80.47	81.63	81.27	81.55	78.57	81.64
TiO_2	0.31	0.53	0.73	0.97	0.84	0.59	0.69	0.29	0.22	0.85	0.84	1.11	0.53	1.59	0.67
MnO	0.03	0.02	0.09	0.04	bdl	0.03	bdl	bdl	bdl	0.15	0.16	0.08	0.02	0.14	0.05
FeO	0.93	1.68	1.14	1.49	1.70	1.03	1.64	0.82	1.40	0.47	0.49	0.45	1.08	1.29	0.55
K_2O	0.24	0.15	0.14	0.14	0.12	0.16	0.12	0.17	0.15	0.29	0.29	0.21	0.21	0.28	0.17
MgO	0.10	0.09	0.54	0.49	bdl	0.05	0.02	0.21	0.26	0.04	0.04	0.09	0.05	0.06	0.10
CaO	3.85	3.67	4.75	4.31	2.15	2.57	2.01	4.99	5.55	3.22	2.86	3.04	3.29	3.02	3.39
SiO_2	7.61	6.68	7.85	6.86	8.64	6.67	7.42	7.52	7.42	0.98	0.72	1.53	0.63	0.95	1.16
P_2O_5	7.78	7.53	8.95	8.16	8.25	7.38	8.43	7.89	8.14	2.13	2.10	2.49	2.02	1.92	2.30
Y_2O_3	1.22	0.92	3.28	2.70	0.42	0.29	0.52	0.36	0.34	0.38	0.18	0.58	0.26	0.11	0.11
ZrO_2	3.29	1.85	5.38	4.34	2.72	1.43	3.10	2.25	2.21	2.33	1.41	2.06	1.24	1.65	1.29
BaO	0.04	0.06	0.06	0.08	0.06	bdl	bdl	0.22	0.01	0.04	0.08	0.17	0.11	0.01	0.17
总和	93.69	93.34	93.71	94.16	94.63	93.01	92.08	92.87	94.57	92.82	92.29	93.72	91.99	90.91	92.64

注：bdl 为低于检测下限。

在钙质富矿砂岩中，沥青铀矿常常与胶状黄铁矿和嵌晶状方解石胶结物共生，这三种矿物存在相互包围关系（图 7-2），表明胶状黄铁矿、嵌晶状方解石胶结物和沥青铀矿是同时期形成的。

在非钙质富矿砂岩中，铀石与胶状黄铁矿交互共生，偶尔可见到少量胶状菱铁矿与铀石共生，粒状黄铁矿颗粒间及胶状黄铁矿的裂缝中也被铀石充填，表明胶状黄铁矿的形成经历了较长的时期，其形成早于铀石或与铀石同时形成。此外，非钙质富矿砂岩中存在两种类型的草莓状黄铁矿，且二者均与铀石存在空间共生关系（图 7-7）。一类草莓状黄铁矿集合体被铀石包围且黄铁矿微颗粒间充填着铀石，表明该黄铁矿与沥青铀矿同时期形成（图 7-7E）；另一类草莓状黄铁矿集合体也被铀石包围，但是黄铁矿微颗粒间不含铀石，表明该黄铁矿的形成早于铀石（图 7-7F）。

此外，黄铁矿和铀矿物的含量存在正相关性。ICP-MS 和 XRD 的分析结果显示（表 6-1、表 7-1），在富矿的砂岩中，黄铁矿普遍存在，占全岩组成的 1%～4%，如样品 370106 和 370109；而在低含矿砂岩中，黄铁矿的含量通常低于 XRD 的检测下限（1%），如样品 330616 和 370202。

因此，基于铀矿物（沥青铀矿和铀石）、黄铁矿和方解石之间这种密切的交互生长关系以及黄铁矿和铀含量的正相关性，认为钙质富矿砂岩中的沥青铀矿、黄铁矿和方解石基本是同时期形成的，非钙质富矿砂岩中的铀石与黄铁矿基本是同时期形成的，它们相互之间存在成因上的联系。在后续研究铀成矿机理的过程中，除了直接针对铀矿物做进一步分析，还可以间接地从这些黄铁矿和方解石胶结物入手。

在对含矿砂岩矿物组成关系研究的基础上，将自生矿物进一步细分为矿前期自生矿物、矿化期自生矿物和矿后期自生矿物，最终归纳出钱家店富矿砂岩矿物组合与成岩序列（图 7-8）。

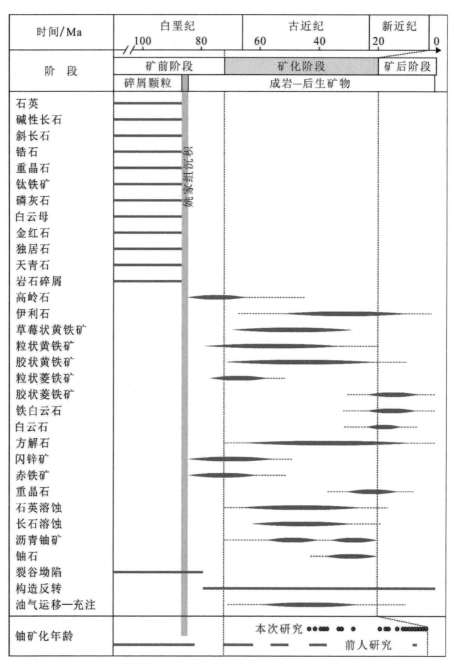

图 7-8　钱家店铀矿区富矿砂岩矿物组合、构造事件、油气运移和铀矿物年龄分布

7.3　方解石胶结物的同位素特征

如前所述，在钙质富矿砂岩中，嵌晶状方解石胶结物与沥青铀矿密切交互共生，表明方解石与沥青铀矿基本是同时期形成的，二者之间具有一定的成因联系。因此，分析方解石胶结物的成因对于研究铀矿物的形成和矿化作用有重要意义。由于富矿砂岩中的碳酸盐胶结物除了方解石外，还有少量的白云石、铁白云石和菱铁矿，为了排除这些碳酸盐矿物的干扰，先进行全岩 XRD 检测（表 7-1），选取只含有方解石这一种碳酸盐胶结物的样品进行碳-氧同位素分析，以研究形成方解石的流体的性质。方解石碳-氧同位素测试结果见表 7-3。

表 7-3　钱家店地区含矿砂岩样品方解石胶结物的碳-氧同位素和黄铁矿硫同位素组成

样品	主要充填类型	$\delta^{13}C/‰$（V-PDB）	$\delta^{18}O/‰$（V-PDB）	$\delta^{34}S/‰$（V-CDT）
490412	杂基充填	—	—	−29.1
330616	钙质胶结	—	—	—
410102	杂基充填	—	—	−40.1
410103	杂基充填	—	—	−41.4
410104	杂基充填	—	—	−39.3
370201	钙质胶结	—	—	—
370202	钙质胶结	−3.0	−10.4	—
370206	杂基充填	—	—	—
370207	杂基充填	—	—	−35.3
730801	杂基充填	—	—	—
730802	杂基充填	—	—	—
730804	杂基充填	—	—	—
730805	杂基充填	—	—	—
730806	杂基充填	—	—	−19.3
730807	杂基充填	—	—	—
370101	杂基充填	—	—	−40.2
370102	杂基充填	—	—	−39.2
370103	杂基充填	—	—	−37.4
370104	杂基充填	—	—	−39.8
370105	钙质胶结	−10.1	−16.6	—

样品	主要充填类型	$\delta^{13}C$/‰（V-PDB）	$\delta^{18}O$/‰（V-PDB）	$\delta^{34}S$/‰（V-CDT）
370106	钙质胶结	−9.1	−17.6	−31.1
370107	钙质胶结	−11.0	−16.7	−36.0
370108	钙质胶结	−11.2	−17.9	—
370109	钙质胶结	−10.5	−17.5	−25.9
370110	杂基充填	—	—	−30.4

7.3.1 氧同位素

方解石胶结物的氧同位素组成可以用于限定其沉淀流体的来源。实验测试中原始的氧同位素数据是相对国际标准 V-PDB 的值，$\delta^{18}O_{\text{V-PDB}}$ 值在−17.9‰～−10.4‰（表 7-3，图 7-9）。$\delta^{18}O_{\text{V-PDB}}$ 与 $\delta^{18}O_{\text{V-SMOW}}$ 的换算根据 Coplen 等（1983）的方程：

$$\delta^{18}O_{\text{V-SMOW}} = 1.03091 \times \delta^{18}O_{\text{V-PDB}} + 30.91$$

换算得到方解石的 $\delta^{18}O_{\text{V-SMOW}}$ 值为 12.5‰～20.2‰，比内生流体来源的 $\delta^{18}O_{\text{V-SMOW}}$ 值（Muehlenbachs et al.，1976；Eiler et al.，2000；Hoefs，2015）高得多（图 7-10），初步否定了碳酸盐胶结物沉淀流体为内生流体来源（如岩浆流体）的可能性。

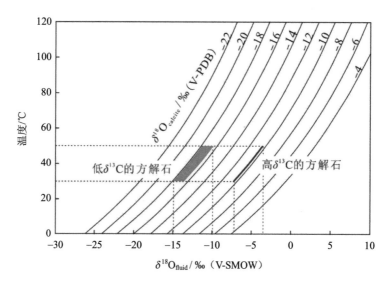

图 7-9 方解石胶结物沉淀流体温度与 $\delta^{18}O$ 关系图

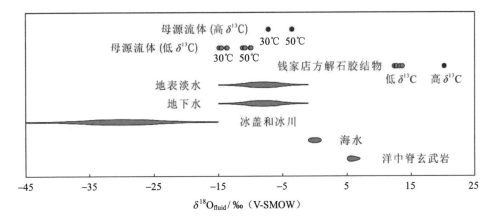

图 7-10 方解石胶结物的氧同位素与自然界主要流体库氧同位素对比图

在矿物从流体中沉淀出来的过程中存在同位素分异，而且同位素分异程度的大小与当时的流体温度有关（Vasconcelos et al.，2005；Hoefs，2015）。因此，为了重建沉淀流体的氧同位素组成，需要限定方解石胶结物形成时期流体的温度。

如前文地质背景所述，钱家店地区铀矿的含矿层姚家组是在松辽盆地裂谷坳陷期沉积而成的。在这个阶段，整个松辽盆地由活跃构造向热沉降转变，形成几乎贯穿整个盆地的广阔坳陷。因此，可以认为在这一时期，研究区与松辽盆地中央坳陷区的埋藏史和热史大体相近（Xi et al.，2015）。然而，盆地在进入构造反转阶段后，位于开鲁坳陷的钱家店地区一直处于构造抬升状态（罗毅等，2012），持续的隆升和剥蚀甚至导致上白垩统四方台组、明水组以及古近系和新近系的缺失（庞雅庆等，2007）。在构造反转开始之前，松辽盆地中央坳陷区姚家组地层经历的最高温度为 80℃（图 7-11，Xi et al.，2015），这种低温条件与前文所述的研究区姚家组地层中缺乏石英加大边（杨晓勇等，2009）的现象一致，因此可以认为钱家店地区姚家组地层经历的最高温度为 80℃。这种现象也与中国西北地区伊犁盆地和吐哈盆地中低温（小于 50℃）卷状砂岩型铀矿相似（Min et al.，2005a）。在钱家店凹陷中，砂岩中的方解石胶结物形成于构造抬升之后（Bonnetti et al.，2017a），其形成温度应低于姚家组埋深最大时的地层温度（80℃）。在该地区，姚家组的平均埋深约为 400 m，以平均地温梯度 30℃/km 计算，当前姚家组的地温约为 30℃。因此，可以将富矿砂岩中方解石胶结物的形成温度初步限定在 30～80℃。

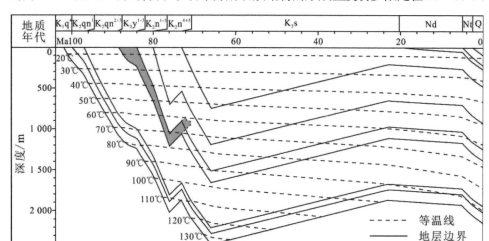

图 7-11　松辽盆地中央坳陷区埋藏—热史图

资料来源：Xi et al.（2015）。

通过对包裹体的观察发现，方解石胶结物中的盐水包裹体均小于 3 μm（图 7-12），不适合做显微测温分析。此外，这些包裹体中绝大部分为单一的液相包裹体，说明其形成时的温度低于 50℃（Goldstein，2001）。因此，方解石胶结物的形成温度可以进一步限定在 30～50℃。该现象与闵茂中等（1995）在华南某淋滤型铀矿床中发现的与铀矿物共生的仅含单相液体包裹体的方解石以及微量元素Co/Ni比值＜1 的黄铁矿是形成于常温或低温环境的现象一致。

根据 Friedman 等（1977）提出的以下方程可计算出形成方解石胶结物的沉淀流体的氧同位素组成：

$$1\ 000\ln\alpha_{calcite\text{-}water} = 2.78 \times 10^6 T^{-2}（K）- 2.89$$

结果显示，形成方解石的流体的 $\delta^{18}O_{V\text{-}SMOW}$ 值在−14.9‰～−3.5‰，其中 $\delta^{13}C <$ −9‰的五个方解石的沉淀流体的 $\delta^{18}O_{V\text{-}SMOW}$ 值在−14.9‰～−9.9‰，$\delta^{13}C = -3$‰的方解石的沉淀流体的 $\delta^{18}O_{V\text{-}SMOW}$ 值在−7.2‰～−3.5‰（图 7-10）。

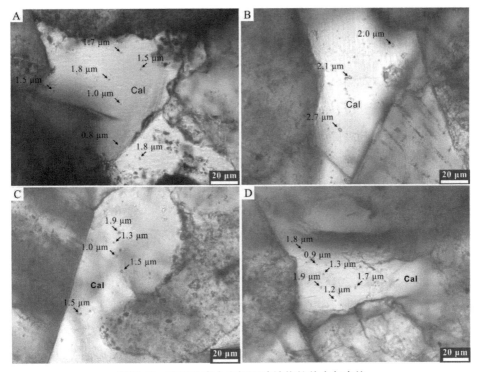

图 7-12　富矿砂岩中方解石胶结物的盐水包裹体

注：A. 样品 370107，B. 样品 370108，C. 样品 330610，D. 样品 330619。

晚白垩世以来，松辽盆地南部姚家组地层水的氧同位素组成数据目前未见有报道，无法直接与上述计算结果进行比较。退而求其次，松辽盆地北部青山口组现今地层水的 $\delta^{18}O_{\text{V-SMOW}}$ 约为 -12.8‰（史婷婷等，2012），与 $\delta^{13}C<-9$‰ 的五个方解石计算得到的沉淀流体 $\delta^{18}O_{\text{V-SMOW}}$（-14.9‰～-9.9‰）相近，而与 $\delta^{13}C=-3$‰ 的方解石计算得到的沉淀流体 $\delta^{18}O_{\text{V-SMOW}}$（-7.2‰～-3.5‰）差别较大。反过来，假设以 $\delta^{18}O_{\text{V-SMOW}}=-12.8$‰ 作为方解石沉淀流体的氧同位素组成，计算得出 $\delta^{13}C<-9$‰ 的五个方解石形成温度为 34～41℃，这与前文限定的方解石形成温度一致，说明该假设对这些方解石样品而言是合理的，这些方解石确实形成于低温地层水环境。然而，同样基于这个假设，计算得到 $\delta^{13}C=-3$‰ 的方解石形成温度约为 5℃，这显然不合理，说明该假设对于这个方解石样品不合适，该方解石的沉淀流体并非仅仅是地层水，而是有深部流体混合。

因此，单从氧同位素的角度来看，钱家店地区富矿砂岩中方解石胶结物的沉淀流体主要是在构造抬升阶段（罗毅等，2012）进入地层的地表淡水，只有局部砂体中才有深部流体与地层水混合。

7.3.2　碳同位素

方解石胶结物的碳同位素组成对其沉淀流体的性质有指示作用。沉积成因的方解石中碳的四种主要来源及其碳同位素组成在本书第 3.2.2 节已有具体介绍。

钱家店富矿砂岩中方解石胶结物的 $\delta^{13}C$ 值在 $-11.2‰ \sim -3.0‰$（$n = 6$），其中五个样品的 $\delta^{13}C$ 值低于 $-9‰$（表 7-3，图 7-13）。这说明即便在钱家店地区存在基性岩浆活动产生的辉绿岩脉，但这些地球深部物质并未参与方解石的形成，至少方解石中的碳并非仅仅来自岩浆流体，因为直接源于岩浆的 $\delta^{13}C$ 值在 $-6‰$ 左右（Seal，2006；Hoefs，2015；Sharp，2017）。这些方解石的碳也并非来自海相碳酸盐的溶解，因为这两者的 $\delta^{13}C$ 值差异太大，并且研究区位于松辽盆地，而松辽盆地是典型的陆相碎屑岩沉积盆地，并无海相沉积的物质。因此，初步认为富矿砂岩中碳酸盐胶结物的碳，主要来自地层淡水中溶解大气 CO_2 形成的 CO_3^{2-}，而且可能有部分有机碳参与，具体分析如下文。

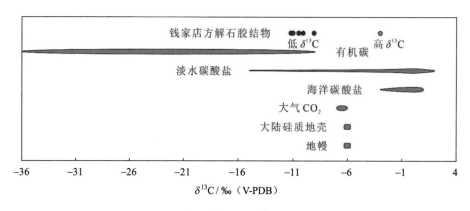

图 7-13　方解石胶结物的碳同位素组成分布

在无机碳系统中，同位素交换平衡反应使 ^{13}C 在"大气 $CO_2 \rightarrow$ 溶解重碳酸盐 $\rightarrow$ 固体碳酸盐"体系中逐渐富集（Hoefs，2015），其中方解石和 CO_2 之间的分馏系数与温度有关，可根据 Romanek 等（1992）实验得到的方程（详见本书第 4.2.2 节）定量表征。

如前所述，方解石的形成温度在 30～50℃，通过 Romanek 等（1992）的方程可以计算出为该方解石形成提供碳的母源 CO_2 的碳同位素组成。对于 5 个 $\delta^{13}C$ 值小于−9‰的样品，母源 CO_2 的 $\delta^{13}C$ 值低于−15‰。显然，这些方解石的碳不单是来自地层淡水中溶解的大气 CO_2，有机质也可以作为部分碳源。由于生物降解的油气可为方解石的形成提供部分碳源（Cai et al.，2007a，2007b；李宏涛，2007；Cao et al.，2016），同时下白垩统油气储层中的油气在构造活动中曾向上覆地层运移（田晓玲等，2001），因此这些油气很可能成为这些方解石胶结物形成时的部分碳源。

综合方解石胶结物的碳-氧同位素组成，可以明确方解石主要形成于地层抬升阶段渗入地层的淡水环境中，只在局部位置有基性岩浆流体混合作用。

7.4　黄铁矿的硫同位素特征

根据矿物组合关系以及黄铁矿含量与铀含量的相关性，前文认为与沥青铀矿共生的粗晶胶状黄铁矿和部分草莓状、粒状黄铁矿与铀矿物基本是同期形成的，彼此之间存在成因联系。由于草莓状黄铁矿和粒状黄铁矿颗粒细小并且含量较少，不容易分选富集，因此本研究中主要分选出了胶状的黄铁矿，通过测定其硫同位素组成来分析其成因，从而推断沥青铀矿的形成机理。自然界黄铁矿中硫的四种主要来源及其硫同位素组成在本书第 4.2.1 节已有具体介绍。

钱家店铀矿床富矿砂岩中黄铁矿的 $\delta^{34}S$ 值在−41.4‰～−19.3‰（$n=14$），分布在自然界沉积硫化物 $\delta^{34}S$ 值的极负值端（图 7-14；Kaplan et al.，1963；Hoefs，2015）。

由于深部地幔来源的无机硫的 $\delta^{34}S$ 值主要在−5‰～5‰（Eldridge et al. 1995；Seal，2006），有机含硫化合物中的硫的 $\delta^{34}S$ 值一般大于−17‰（Aplin et al.，1995；Cai et al.，2002），因此，本研究中的黄铁矿硫并非来自地幔流体或有机含硫化合物。

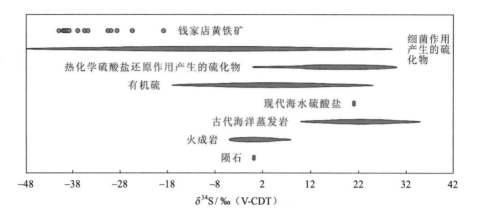

图 7-14　与沥青铀矿共生的黄铁矿的硫同位素组成分布

热化学硫酸盐还原作用通常发生在 120℃以上的环境中（Machel et al.，1995；Worden et al.，1995；Cai et al.，2001），而钱家店地区含矿的姚家组经历的地层温度低于 80℃，因此，姚家组地层内部不会发生热化学硫酸盐还原作用。然而，本研究中的黄铁矿硫是否可能来自下白垩统地层中发生了热化学硫酸盐还原作用且向上运移进入姚家组的石油的含硫有机化合物呢？这种可能性也可以被排除，因为在热化学硫酸盐还原作用中引起的硫同位素的分异幅度较小（Orr，1974；Kiyosu，1980；Krouse et al.，1988；Cai et al.，2002；Hoefs，2015），所形成的硫化物的 $\delta^{34}S$ 值一般不低于−10‰（Seal，2006；Hoefs，2015）。因此，钱家店地区富矿砂岩中黄铁矿如此低的硫同位素组成是不可能通过热化学硫酸盐还原作用达到的。

排除了黄铁矿中硫的三种可能来源，本研究中黄铁矿的硫就只可能是细菌硫酸盐还原作用的产物。在开放体系中，硫酸盐供给充分，持续的细菌硫酸盐还原作用导致所产生的硫化物中富含 ^{32}S 而贫 ^{34}S（Neretin et al.，2003），这与所测得的 $\delta^{34}S$ 值一致。另外，前人研究发现，常温硫酸盐还原细菌在单步的硫酸盐还原作用中所产生的硫化物比母源硫酸盐的 $\delta^{34}S$ 值低 4‰～47 ‰（Harrison et al.，1957，1958；Kaplan et al.，1964；McCready et al.，1974；McCready，1975；Price et al.，1979；Bolliger et al. 2001），只有 Wortmann 等（2001）发现原地细菌在单步硫酸盐还原作用过程中可导致 $\delta^{34}S$ 值降低 72‰，而海水硫酸盐 $\delta^{34}S$ 最低值 14‰与本

研究的黄铁矿 $\delta^{34}S$ 最低值-41.4‰的差值超过了 55‰，表明硫酸盐和硫酸盐还原菌很可能发生了多步反应或歧化作用，包括硫酸盐还原、还原后的硫化物再氧化以及再氧化得到的硫酸盐的再还原（Canfield，2001）。

地层中的硫酸盐可能源于渗入地层的地下水，也可能源于下白垩统与油气一起向上运移（田晓玲等，2001）而来的地层水。微生物一般生活在低于 80℃的环境中（Wenger et al.，2002；Hoefs，2015），这与钱家店地区姚家组所经历过的低于 80℃的地温条件（Xi et al.，2015）正好契合。

7.5　铀矿物的特征和成因分析

本书以研究铀成矿作用为目的，铀矿物自身的化学组成和形态学特征都对其形成条件有直接的指示意义。

7.5.1　沥青铀矿和铀石的基本概念及形成条件

地壳中 U 元素的平均丰度在 $2\times10^{-6}\sim4\times10^{-6}$ 之间，以 U（Ⅳ）和 U（Ⅵ）的形式作为矿物的必要组成元素赋存于 200 多种矿物之中（Bhargava et al.，2015），沥青铀矿和铀石是铀矿床中铀的主要存在形式。

1）沥青铀矿和铀石概述

沥青铀矿的理论化学式为 UO_2，与萤石的晶体结构相似，属于等轴晶系（图 7-15A），U 原子与 O 原子的距离为 0.236 nm（Janeczek et al.，1992a）。自然界中的沥青铀矿由于 U（Ⅳ）的氧化、阳离子取代和 α 衰变等作用，产生大量的晶格缺陷，从而导致其没有固定的化学组成（Janeczek et al.，1992a；Ram et al.，2013）。由于沥青铀矿中 U（Ⅳ）部分被氧化为 U（Ⅵ），其化学式通常表示为 UO_{2+x}（$x=0.25\sim0.3$，Finch et al.，1999；Ram et al.，2013）。此外，沥青铀矿中还有 Pb、Th、Ca、Y、镧系元素以及 Si、P、Al、Fe、Mg、Na、K 等阳离子，这些杂质阳离子的含量可超过 20%，其中 α 衰变形成的 PbO 含量可达 7%～10%，这些杂质阳离子影响着沥青铀矿的稳定性和溶解性（Janeczek et al.，1992a；Ram et al.，2013；Bhargava et al.，2015）。

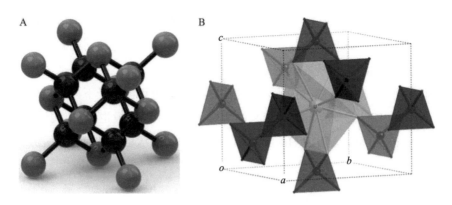

图 7-15　沥青铀矿（A）与铀石（B）晶体结构模型

注：A 中红色球体代表 O 原子，灰色球体代表 U 原子；B 中中央灰色多面体为 UO_8，周围蓝色四面体为 SiO_4。

铀石的理论化学式为 $USiO_4$，自 Stieff 等（1955）首次在美国科罗拉多州中生代地层的砂岩型铀矿中发现铀石以来，其化学组成一直因氢元素的存在形式备受争议。铀石晶体中，每个 U 原子与周围 8 个 O 原子连接，形成 UO_8 多面体，U 原子与其中 4 个 O 原子的距离为 0.238 nm，与其他 4 个氧原子的距离为 0.236 nm；UO_8 多面体沿 c 轴方向与 SiO_4 四面体共边（图 7-15B）。早期学者通过 XRD 或红外光谱分析等手段，认为铀石晶体中有羟基取代 Si 原子，构成 $U(SiO_4)_{1-x}(OH)_{4x}$ 的形式（Stieff et al.，1956；Pointeau et al.，2009）。后来的学者都认为铀石结构中不含羟基而含水，并测得铀石中的水含量可达 10%～15%，提出铀石的化学式为 $USiO_4 \cdot nH_2O$（$n \approx 2$，Janeczek et al.，1992a）。人工手段无法合成纯净的铀石，目前人工合成的最纯的铀石化学式为 $U_{0.99\pm0.06}Si_{0.97\pm0.07}O_4$（Pointeau et al.，2009）。

2）沥青铀矿和铀石的形成条件

沥青铀矿与铀石在铀矿床中共存的现象并不少见，其可以表现为两种矿物环带状交替出现，这说明沥青铀矿和铀石的形成条件差别不大（Ludwig et al.，1980；闵茂中等，1999；Min et al.，2005c）。在实际地质条件下，沥青铀矿和铀石的形成受氧化还原程度、流体温度、压力、pH 和 SiO_2 活度等复杂因素的影响，不可能准确区分这两种矿物的形成条件（Evins et al.，2012）。

闵茂中等（1999）认为，形成铀石需要的还原条件比沥青铀矿严格，沥青铀矿形成于弱还原—弱氧化性的介质（Eh ＝ -350～100 mV）中，铀石形成于强还原介质（Eh = −500～0 mV）中。在实验室模拟和实际地质研究中发现，沥青铀矿和铀石均可以在常温至 250℃的范围内形成（沈才卿等，1985；闵茂中等，1995；Min et al.，2005c），温度越高，沥青铀矿结晶速度越快（沈才卿等，1985）。铀石形成的环境压力必须低于 50 bar，当环境压力高于 40 bar 时更容易形成沥青铀矿（Pointeau et al.，2009）。

　　介质的 pH 对沥青铀矿和铀石的形成也有影响，但观点存在争议。沈才卿等（1985）通过实验发现，沥青铀矿在酸性介质中形成速度最快，在中性介质中形成速度较慢，在碱性介质中形成速度最慢，其认为与 U（Ⅵ）在溶液中的存在形式有关，但这种结晶速度的差异会随温度的升高而迅速减慢。赵凤民等（1986）认为，沥青铀矿和黄铁矿在弱酸性至碱性的介质中均能同时沉淀，但黄铁矿在不同的 pH 条件下具有不同的形态，在弱酸性至中性（pH = 5.85～6.75）的介质中形成沥青铀矿和单晶黄铁矿，而在碱性介质中形成沥青铀矿和集合体形式的黄铁矿。Pointeau 等（2009）通过合成实验发现，在 pH<8 的条件下有利于沥青铀矿的形成，pH = 8～9.5 的条件下有利于铀石的形成。与上述观点不同的是，闵茂中等（1995，1999）认为，沥青铀矿形成于中性—弱碱性的介质中，铀石形成于弱酸性—中性的介质中，并提出沥青铀矿与铀石转化的化学反应式：

$$UO_{2+x} + 2xH^+ + (1-x) SiO_2 = (1-x) USiO_4 + xUO_2^{2+} + xH_2O$$

　　表明弱酸性的介质有利于铀石的形成。尽管学者们的观点不一，但是可以确定在缺氧环境中，沥青铀矿可在较宽的 pH 范围内（0～11）形成（Langmuir，1978），而铀石相对于沥青铀矿处于亚稳定状态，它能保持热力学稳定状态的 pH 范围较窄（闵茂中等，1999；Pointeau et al.，2009；Szenknect et al.，2016），这也是铀矿床中沥青铀矿更普遍存在的原因（闵茂中等，1999）。

　　溶液中 SiO_2 的浓度是决定沥青铀矿或铀石形成的关键因素。Brookins（1975）提出形成铀石的溶液的 SiO_2 最佳浓度为 19×10^{-6}～120×10^{-6}，SiO_2 浓度过高或过低都不利于铀石的形成，比如硅质脉型铀矿床中很少有铀石就可能与成矿流体中 SiO_2 浓度过高有关（闵茂中等，1999）。闵茂中等（1995）推算出华南某铀矿床中四方双锥短柱状的铀石形成时流体的 SiO_2 浓度为 19×10^{-6}～60×10^{-6}。流体中 SiO_2 的浓度变化对已形成的沥青铀矿或铀石也有改造作用，当 SiO_2 浓度增大时，沥青

铀矿可与 SiO_2 作用生成铀石；当 SiO_2 浓度降低时，已形成的铀石会分解形成沥青铀矿和 SiO_2（闵茂中等，1999）。铀石相对于沥青铀矿来说是一种亚稳态的矿物，在合成铀石的实验中常常会有沥青铀矿和石英生成（Pointeau et al.，2009）。即便如此，由于在实际地质条件下铀石的动力学溶解速度缓慢，因此在很多铀矿床中还存在铀石（Szenknect et al.，2016）。

7.5.2 铀矿物元素组成

通过电子探针分析，本研究在富矿砂岩中发现了沥青铀矿和铀石两种铀矿物（表 7-2），并且沥青铀矿赋存于钙质富矿砂岩中（图 7-2），而铀石赋存于非钙质砂岩中（图 7-6、图 7-7）。沥青铀矿和铀石的元素组成具有规律性差异（图 7-16）。沥青铀矿中 U 元素含量高而 Si 元素和 P 元素含量低，其 UO_2、SiO_2 和 P_2O_5 的含量分别为 78.57%～81.64%（平均值为 80.86%）、0.63%～1.53%（平均值为 1.00%）和 1.92%～2.49%（平均值为 2.16%）；铀石中 U 元素含量相对较低，而 Si 元素和 P 元素含量较高，其 UO_2、SiO_2 和 P_2O_5 的含量分别为 59.36%～72.68%（平均值为 67.46%）、6.67%～8.64%（平均值为 7.41%）和 7.38%～8.95%（平均值为 8.06%）。此外，沥青铀矿和铀石中还含有 Ca、Fe、Ti 和 Zr 等杂质元素。

相比之下，Cai 等（2007a，2007b）、Cao 等（2016）、陈超等（2016）和 Zhang 等（2017）在研究鄂尔多斯盆地北部砂岩型铀矿时，发现东胜铀矿、大营铀矿床和杭锦旗铀矿中的铀矿物主要为铀石，只有少数为沥青铀矿，铀石的 UO_2 含量在 50.59%～74.34%，SiO_2 含量在 9.96%～21.63%。不同的铀矿物类型具有不同的化学组成，反映着不同的成矿条件，但由于在实际地质条件下铀矿物的形成受氧化还原程度、流体温度、压力、pH 和 SiO_2 活度等复杂因素的影响（Brookins，1975；Langmuir，1978；闵茂中等，1995，1999；Pointeau et al.，2009；Szenknect et al.，2016），所以无法对沥青铀矿和铀石的形成条件进行清晰的界定（Evins et al.，2012）。另外，自然界中沥青铀矿和铀石以密集环带状交替出现的现象并不少见，说明这两种矿物的形成条件差异并不大（Ludwig et al.，1980；闵茂中等，1999；Min et al.，2005c）。本研究只结合鄂尔多斯盆地北部和钱家店铀矿的基本特征，初步探讨了沥青铀矿和铀石的形成条件及地质意义。

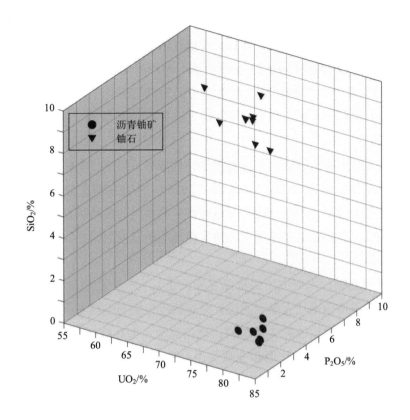

图 7-16　沥青铀矿与铀石中 UO$_2$、SiO$_2$ 和 P$_2$O$_5$ 含量 3D 图

1）介质的氧化还原性

沥青铀矿和铀石中的 U 元素理论上都以 +4 价的形式存在，在实际地质条件下，这两种铀矿物中只有极少部分 U（Ⅳ）被氧化为 U（Ⅵ）（Finch et al.，1999；Pointeau et al.，2009；Ram et al.，2013），说明二者都是形成于还原性的介质中（闵茂中等，1999）。在世界各地的砂岩型铀矿中，沥青铀矿或铀石常常与黄铁矿密切共生，在鄂尔多斯盆地北部和钱家店地区的砂岩型铀矿中仍然存在这种矿物共生现象（Cai et al.，2007a，2007b；陈超等，2016；Zhang et al.，2017），表明沥青铀矿和铀石均形成于还原条件。

2）铀的成矿温度

实验室模拟和实际地质研究中均显示，沥青铀矿和铀石均可形成于常温至

250℃的范围（沈才卿等，1985；闵茂中等，1995；Min et al.，2005c）。尽管 Zhang 等（2017）在鄂尔多斯盆地杭锦旗铀矿中通过铀石的稀土元素组成发现了高盐度热液成矿作用，认为在（39±2）Ma 后铀石的形成受到了岩浆作用的影响，但鄂尔多斯盆地北部含矿的直罗组地层经历的最高地温低于 70℃（Cai et al.，2007a），并且地层中与铀石共生的黄铁矿大多数为 BSR 成因（Cai et al.，2007a，2007b；陈超等，2016），因而认为从（97±2）Ma 至今，铀成矿作用主要发生在低温条件下，而热液铀矿化只是短暂的事件性成矿。同样，钱家店凹陷中含矿的姚家组经历的地温低于 80℃（Xi et al.，2015），并且在前文分析中已经发现与铀矿物共生的黄铁矿为 BSR 成因，并且与铀矿物共生的嵌晶状方解石胶结物形成温度小于 50℃，这些都表明本研究在姚家组地层中发现的沥青铀矿和铀石也是形成于低温环境。

需要说明的是，本研究所采样品在空间上具有一定的局限性，并未发现有高温铀矿物。据中国地质大学（武汉）荣辉教授提供的资料显示，在钱家店铀矿床中还发现了少量的钛铀矿（图 7-17；理论化学式 UTi_2O_6），这是一种高温热液铀矿物，其形成多与岩浆作用和变质作用产生的热液有关（Ferris et al.，1971；魏思华，1979；Macmillan et al.，2017），常在岩浆作用的不整合面型铀矿和同生变质型铀矿中与沥青铀矿共生（Lesbros-Piat-Desvial et al.，2017）。例如，在澳大利亚南部的 Olympic Dam 多金属矿床中，钛铀矿与稀土元素矿物、铜的硫化物共生，并含有方铅矿包裹体，被认为是富 U 热液事件的产物（Macmillan et al.，2017）；在加拿大魁北克 Otish 盆地的 Camie River 矿床中，钛铀矿赋存于基底高角度逆断层中的变质石墨—硫化物矿体内，与之共生的绿泥石脉体形成温度约为 320℃，并且与之共生的沥青铀矿极富稀土元素，且稀土元素分布平坦，被认为是在大约 1 724 Ma 的岩浆或变质作用热液事件中形成的（Lesbros-Piat-Desvial et al.，2017）。因此，钱家店铀矿床中并不能完全排除有区域内基性岩浆活动引起的事件性热液铀成矿作用的可能性，至于其影响有多大，有待进一步开展工作对其进行研究调查。

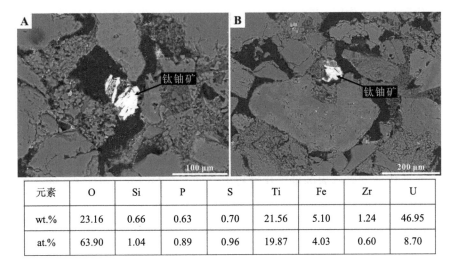

元素	O	Si	P	S	Ti	Fe	Zr	U
wt.%	23.16	0.66	0.63	0.70	21.56	5.10	1.24	46.95
at.%	63.90	1.04	0.89	0.96	19.87	4.03	0.60	8.70

图 7-17　钱家店铀矿钻孔 QIV-09-05 中的钛铀矿及其元素组成

注：wt.%为质量百分比；at.%为原子百分比。

资料来源：由荣辉教授提供。

3）介质酸碱性与 Si 活度

前文的矿物学分析已经说明，富矿砂岩中沥青铀矿和铀石均与胶状黄铁矿集合体交互共生；长石均存在局部溶蚀现象，并且溶蚀部位被沥青铀矿或铀石充填；钙质富矿砂岩基本被方解石胶结，且方解石没有溶蚀现象；钙质富矿砂岩中石英颗粒普遍发生局部溶蚀，溶蚀部位被沥青铀矿充填；富矿砂岩中伊利石含量高于低含矿砂岩。这些证据均表明钱家店铀矿床中沥青铀矿和铀石均形成于偏碱性的介质环境（赵凤民等；1986；曾允孚等，1986；Hellmann，1994）。

然而，沥青铀矿和铀石形成的介质碱性程度是有差异的。沥青铀矿赋存的钙质富矿砂岩全部由方解石胶结，而铀石赋存的非钙质富矿砂岩的填隙物主要为杂基；钙质富矿砂岩中普遍存在长石和石英的溶蚀现象，而非钙质砂岩中石英并未发生溶蚀，长石的溶蚀程度也比钙质富矿砂岩中低，这表明沥青铀矿形成于较强碱性环境，而铀石形成于弱碱性环境（图 7-3；曾允孚等，1986；Hellmann，1994）。此外，沥青铀矿和铀石形成的介质碱性差异也能从它们的元素组成差异上得到验证。在较强的碱性环境中（pH＞9），尤其是在浅层大气淡水的影响下，矿物易发生脱硅化和脱磷化作用，矿物晶格中的 Si 元素和 P 元素容易进入流体中，与此同时，容易形成自生方解石，这种现象在世界各地的条带状含铁建造（BIF）中比较常见（Thorne et al.，2004；Roy et al.，2009；Evans et al.，2013；Frimmel et al.，2014；Li et al.，2015；Ali et al.，2017），而且与长石和石英在较强碱性（pH＞9）溶液中溶解度大大增加的现象（图 7-3；Hellmann，1994；罗孝俊等，2001；张永旺等，2009a，2009b）是一致的。

因此，钱家店铀矿中沥青铀矿和铀石形成的条件差异主要是介质的碱性强弱差异。在非钙质富矿砂岩的铀矿化过程中，长石在弱碱性（pH＜9）的介质中发生局部溶蚀，为铀石的形成提供了 Si 元素；而在钙质富矿砂岩的铀矿化过程中，介质的碱性较强（pH＞9），即使石英和长石的溶蚀使流体中的 Si 含量增加，但由于 Si 只能以溶解态的形式存在于流体中（Hellmann，1994；Thorne et al.，2004；Roy et al.，2009；Evans et al.，2013；Frimmel et al.，2014；Li et al.，2015；Ali et al.，2017），而无法进入铀矿物的晶体结构中，所以最终会形成硅含量极低（0.63%～1.53%）的沥青铀矿。

相比之下，鄂尔多斯盆地北部的铀矿床中主要为铀石（Cai et al.，2007a，2007b；Cao et al.，2016；陈超等，2016；Zhang et al.，2017）的现象也可以从介质酸碱性的角度来解释。鄂尔多斯盆地北部铀矿床中长石的溶蚀部位普遍存在铀石，局部存在的方解石胶结物也与铀石密切共生，并且与铀石共生的二硫化亚铁矿物全部为黄铁矿而无白铁矿，表明铀石形成于弱碱性的介质环境中（Cai et al.，2007a，2007b）。此外，由于石英发生自生加大的 pH 范围较广（pH＜8，图 7-3；曾允孚等，1986），鄂尔多斯盆地北部的铀矿床中的石英具有自生加大边（Cai et al.，2007a，2007b；Cao et al.，2016），并不一定说明它形成于酸性环境，反而更可能形成于与上述现象一致的弱碱性（pH＝7～8）环境。

综上所述，钱家店地区与鄂尔多斯盆地北部的砂岩型铀矿的形成具有相似的地质条件，含矿地层在埋藏史过程中均较浅，经历的地层温度均较低，在铀矿化阶段均处于缺氧的环境中，这样的环境都为铀的生物矿化提供了有利条件。同时，这两个地区可能都存在岩浆活动引起的热液事件性铀矿化作用。钱家店铀矿中沥青铀矿和铀石都比较普遍，而鄂尔多斯盆地北部主要形成铀石，这两种铀矿物形成条件的主要差异是成矿流体的碱性强弱差异，鄂尔多斯盆地北部的成矿流体主要为弱碱性，而钱家店地区成矿流体一部分为弱碱性，一部分为强碱性。

7.5.3　铀矿物形态学特征与 P 元素含量

早期学者在金矿、铀矿物及与之共生的黄铁矿的研究中，认为矿物的某些特定形态是矿化的微生物结构，如微球粒状、长杆状、树枝状和蠕虫状，以及植物细胞结构被交代而保留的形状（Min et al.，2005b；Reith et al.，2006；Ueno et al.，2006）。但这些形态学的现象并不能充分证明是微生物矿化作用（Cuney，2010）。Cai 等（2007b）进一步结合形态学、铀矿物纳米晶体组成、生物元素（如 P）、矿化期黄铁矿的硫同位素和石油烃生物降解等方面的证据，论证了微球粒状和长杆状铀矿物的成因是微生物。

铀矿物中丰富的 P 元素是生物铀矿化的有利证据（Cai et al.，2007b；Alessi et al.，2014），细菌在降解有机质的同时能使有机磷酸酯中的键断裂，释放出其中的 P 元素（Newsome et al.，2014），且在细菌硫酸盐还原作用过程中，细菌活动能产生有机酸等物质，降低环境 pH，导致磷灰石等富 P 矿物的溶解（Welch et al.，2002）。此外，某些细菌的新陈代谢过程会直接利用 P 元素（Hutchens et al.，2006）。

本研究通过扫描电镜的二次电子图像观察发现，富矿砂岩中存在形似微球菌的微球粒状铀石集合体，且 X 射线能谱显示这些微球粒状铀石中富含 P 元素（图 7-18）。由此推测这些富 P 元素的微球粒状铀石集合体很有可能是矿化的微生物，是微生物在新陈代谢过程中或者在死亡后被 UO_2 交代的产物（Cai et al.，2007b）。类似的铀矿物结构在新疆伊犁盆地、吐哈盆地和鄂尔多斯盆地东胜铀矿已有过报道（Min et al.，2005a，2005b；Cai et al.，2007a，2007b）。

以上铀矿物的元素组成（富 P）与形态学特征是低温流体中微生物铀矿化的直接证据。

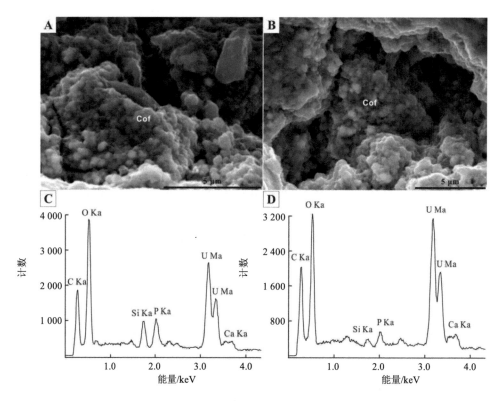

图 7-18 富 P 元素的微球粒状铀石集合体

注：A、B. 二次电子图像，C. 铀石能谱图，D. 沥青铀矿能谱图，Cof. 铀石。

7.6 小结

（1）钱家店地区含矿砂岩主要为灰色、灰黄色的中、细砂岩，富矿砂岩中的黄铁矿和伊利石含量均高于低含矿砂岩。

（2）根据胶结类型的不同，富矿砂岩分为钙质胶结的和非钙质胶结两种，石英颗粒均无自生加大边。

（3）钙质富矿砂岩的胶结物基本为方解石，方解石无溶蚀现象。铀矿物为沥青铀矿，其中 UO_2、SiO_2 和 P_2O_5 的含量分别为 78.57%～81.64%（平均值为 80.86%）、0.63%～1.53%（平均值为 1.00%）和 1.92%～2.49%（平均值为 52.16%）。沥青铀矿与胶状黄铁矿和嵌晶状方解石交互共生。长石和石英发生了普遍溶蚀，溶蚀部位均被沥青铀矿充填。铀矿化流体的碱性较强（pH＞9）。

（4）非钙质富矿砂岩的填隙物主要为机械成因的杂基，铀矿物为铀石，其中 UO_2、SiO_2 和 P_2O_5 的含量分别为 59.36%～72.68%（平均值为 67.46%）、6.67%～8.64%（平均值为 7.41%）和 7.38%～8.95%（平均值为 8.06%）。铀石与草莓状黄铁矿、胶状黄铁矿交互共生。长石发生了局部溶蚀现象，溶蚀部位被铀石充填，石英颗粒无溶蚀现象。铀矿化流体为弱碱性。

（5）铀石中发现了富 P 元素的微球粒状铀石集合体，反映了低温环境下微生物参与的铀矿化作用。

（6）与沥青铀矿共生的嵌晶状方解石胶结物形成于 30～50℃的地层淡水环境，其中的盐水包裹体主要为单一液相包裹体，$\delta^{18}O_{\text{V-SMOW}}$ 值在 12.5‰～20.2‰之间，$\delta^{13}C$ 值在 −11.2‰～−3.0‰之间，部分碳来自有机质。

（7）与铀矿物交互共生的胶状黄铁矿的硫同位素均很轻，$\delta^{34}S$ 值最低达 −41.4‰，是细菌硫酸盐还原作用的产物。

（8）上述证据表明钱家店铀矿主要形成于偏碱性的低温地层水环境，并且微生物参与了铀矿化过程。

第8章 富矿砂岩中的烃类特征

本研究的富矿砂岩中可见石油运移的迹象。在荧光显微镜下观察岩石薄片，可见到吸附在砂岩骨架颗粒上的石油烃类（图 8-1A～图 8-1D）和以油气包裹体形式存在于方解石胶结物中的烃类（图 8-1E、图 8-1F）。这两种石油均显示淡蓝色的荧光特征，表明这两种石油可能具有相同的组成（Munz，2001）。油气包裹体较小，最大直径主要在 2～6 μm，通常含有液体和气体两相，液体的体积通常大于70%。这些方解石胶结物中的油气包裹体均为原生包裹体（Munz，2001），表明在方解石胶结物形成阶段，即与方解石胶结物形成同时期的沥青铀矿形成阶段，含矿砂岩储层中有过石油的运移充注。同时，该现象也为前面提出的方解石胶结物中部分碳来自油气的推测提供了进一步的可能性。

通过对钱家店地区富矿砂岩中吸附烃和包裹体烃进行抽提，而后进行 GC-MS分析，研究其各项地球化学指标（表 8-1），探讨其有机质来源、沉积环境、成熟度和潜在的生物降解特征。

8.1 常用生物标志化合物的结构和意义

生物标志化合物是指，沉积物中的有机质以及原油、油页岩和煤中那些源于活的生物体并具有明显分子结构特征的有机化合物，这些有机化合物在热演化过程中具有一定的稳定性，没有或者很少发生变化，基本上保持了原始生物化学组分的碳骨架特征（侯读杰等，2011）。生物标志化合物可以源于陆地的高等植物和水生的浮游、底栖生物，尤其是各种藻类、微生物等，被称为地球化学化石、分子化石或指纹化石，对油气中烃类的物质来源、沉积环境、有机质热演化和生物降解等特征的研究有重要意义。

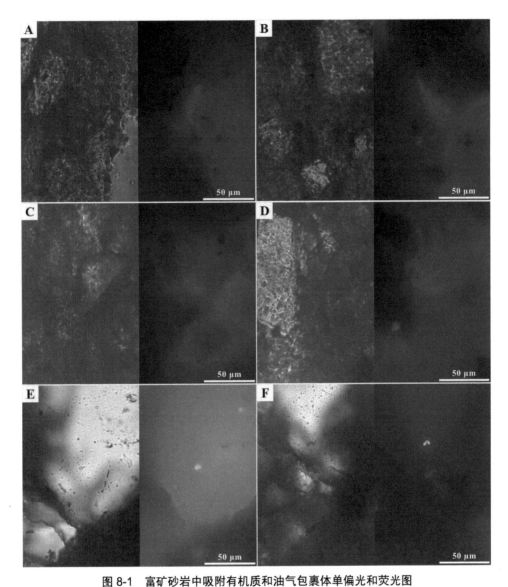

图 8-1 富矿砂岩中吸附有机质和油气包裹体单偏光和荧光图

注：A、B. 样品 490412，C. 样品 410103，D. 样品 730804，E. 样品 370109，F. 样品 370106。

表 8-1 钱家店铀矿床姚家组富矿砂岩中吸附烃和包裹烃的生物标志化合物参数

样品	370104-adsorbed C_{18}/C_{25}	370104-inclusion C_{16}/C_{23}	370109-adsorbed C_{18}/C_{25}	370109-inclusion C_{16}/C_{22}	370110-adsorbed C_{18}/C_{25}	370110-inclusion C_{18}/C_{23}	410102-adsorbed C_{16}/C_{23}	410102-inclusion C_{18}/C_{23}	490412-adsorbed C_{18}/C_{24}	490412-inclusion C_{16}/C_{22}
C_{max}	44.95	39.93	40.47	38.76	37.71	40.47	39.35	42.32	39.82	43.1
$C_{27}\alpha\alpha\alpha$ 20R 甾烷%	21.51	24.03	22.56	23.62	24.28	23.41	23.76	23.24	22.31	22.12
$C_{28}\alpha\alpha\alpha$ 20R 甾烷%	33.54	36.04	36.96	37.62	38.01	36.12	36.88	34.44	37.87	34.78
$C_{29}\alpha\alpha\alpha$ 20R 甾烷%	0.39	0.34	0.37	0.34	0.39	0.36	0.41	0.35	0.38	0.40
规则甾烷/17α霍烷	2.00	2.55	2.69	2.45	2.71	2.60	2.41	2.83	2.26	2.68
C_{26}/C_{25} 三环萜烷	0.20	0.20	0.20	0.20	0.20	0.20	0.20	0.24	0.22	0.19
$C_{31}R/C_{30}$ 霍烷	0.56	0.58	0.55	0.58	0.54	0.52	0.55	0.55	0.60	0.48
C_{35} 22S/C_{34} 22S 霍烷	0.54	0.46	0.47	0.46	0.46	0.47	0.48	0.50	0.48	0.51
伽马蜡烷/（伽马蜡烷+C_{30}霍烷）	0.16	0.16	0.17	0.17	0.16	0.17	0.16	0.17	0.15	0.16
C_{30}^{*}/C_{29}Ts	0.45	0.36	0.39	0.36	0.33	0.40	0.36	0.43	0.39	0.45
Pr/Ph	0.71	0.82	0.84	0.76	0.71	0.68	0.51	0.66	0.71	0.84
Pr/nC_{17}	0.52	0.60	0.58	0.65	0.50	0.87	0.62	0.53	0.55	0.76
Ph/nC_{18}	0.54	0.51	0.51	0.72	0.49	0.89	0.68	0.55	0.50	0.98
$C_{31}\alpha\beta$ 霍烷 22S/ (22S+22R)	0.59	0.59	0.60	0.59	0.59	0.59	0.59	0.58	0.60	0.59
Ts/Tm	1.47	1.01	1.05	0.89	1.10	1.15	1.05	1.15	1.05	1.21
$C_{29}\alpha\alpha\alpha$ 甾烷 20S/ (20S+20R)	0.34	0.37	0.36	0.38	0.34	0.36	0.36	0.35	0.35	0.35
C_{29} 甾烷 ββ/ (ββ+αα)	0.39	0.38	0.38	0.39	0.36	0.39	0.38	0.38	0.38	0.39
C_{30} 莫烷/霍烷	0.14	0.14	0.14	0.15	0.15	0.14	0.15	0.15	0.14	0.14
CPI	1.32	1.31	1.47	1.14	1.27	1.29	1.59	1.44	1.23	1.48
MPI-1	0.26	0.30	0.23	0.19	0.25	0.28	0.23	0.31	0.33	0.21
R_{c}/%	0.56	0.58	0.54	0.51	0.55	0.57	0.54	0.59	0.60	0.53

注：adsorbed 为吸附烃样品，inclusion 为包裹体烃样品。

8.1.1 有机化合物分子立体异构体简介

立体异构体是指分子式相同但构造不同的构成体，即分子中原子间的连接方式和次序不同的异构体。烃类的生物标志化合物通常存在立体异构现象，对烃类的物质来源和热演化特征有指示意义。分子中含有不对称中心是产生立体异构体的根本原因。化合物分子或分子中某一基团的构型可以排列成互为镜像而不能叠合的两种形式的现象称为手性，化合物分子的手征中心便是由于分子中手征性碳或其他原子不对称因素的存在而引起的。有机化合物环系中手征中心有 α 和 β 两种构型，其中 α 是指该手征中心的原子或原子团（H 或—CH_3）在环平面下边（指向纸内），β 是指该手征中心的原子或原子团（H 或—CH_3）在环平面上边（指向纸外）。

此外，将手征中心的四个原子或原子团按顺序规则的规定命名并排列为 a＞b＞c＞d（a 的质量数最大，d 的质量数最小），观测者位于原子团 d 的对面，如果 a、b、c 是顺时针方向排列，则将其称为 R 型；如果 a、b、c 是逆时针方向排列，则将其称为 S 型。

8.1.2 常用生物标志化合物

萜类和甾类化合物是烃源岩有机抽提物中和原油中十分重要的也是研究最多的生物标志化合物，它们继承了生物化学组分的很多信息，也记录了从生命有机质到沉积有机质演化的很多证据，它们是生物标志化合物研究的主要对象。

萜类化合物是重要的生物标志化合物之一，具有丰富的有机质生源信息和热演化信息。原油中检测出的萜类通常包括二环倍半萜烷、三环二萜烷、四环二萜烷、长链三环萜烷、四环萜烷和五环三萜烷。五环三萜烷是最丰富也是最重要的萜类化合物，由六个异戊二烯结构单元组成五个环的环烷烃，包括藿烷系列和非藿烷系列两类。陆相原油中最丰富的是藿烷系列化合物，通常包括碳数 27～35 的 17α（H），21β（H）藿烷系列（缺失 C_{28}）和少量的 17β（H），21α（H）莫烷系列、18α（H）新藿烷系列以及重排藿烷。藿烷主要源自细菌藿四醇，它的含量反映了低等原核生物有机质的贡献程度。正常的藿烷含有 30 个碳原子，在 C-4、C-8、C-10、C-14 和 C-18 位上均有甲基取代，在 C-21 位上有异丙基（图 8-2）。藿烷在

C-17 和 C-21 位上的 H 原子有 α 和 β 构型，当碳数大于 30 时，C-22 位上还存在 R 和 S 型，从而造成了藿烷的立体异构。活的生物体只能合成 17β（H），21β（H）构型的藿烷，即藿烷的生物构型。藿烷的地质构型包括 17β（H），21α（H）的莫烷系列和 17α（H），21β（H）的藿烷系列。随着沉积有机质热演化程度的增加，生物构型的藿烷会逐渐转化为地质构型，而且藿烷系列比莫烷系列更稳定，因此总体表现为 17β（H），21β（H）→ 17β（H），21α（H）→ 17α（H），21β（H）的演化趋势。藿烷系列的碳数为 C_{27}～C_{35}，C_{28} 较为少见，碳数小于 30 的称为降藿烷，碳数大于 30 的称为升藿烷。

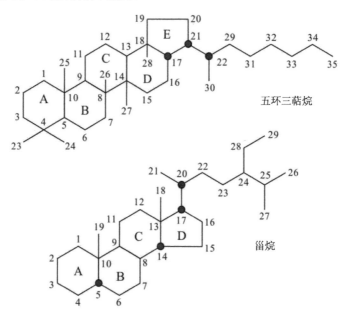

图 8-2　五环三萜烷、甾烷的分子结构和碳原子排列顺序示意图

甾烷类化合物主要源自藻类和高等植物，是沉积有机质和原油中最常见的生物标志化合物。甾烷通常包括低分子量甾烷、重排甾烷、规则甾烷和 4-甲基甾烷，有些地区还可以检测出甲藻甾烷。甾烷总量在总生标量中通常低于 30%。在甾烷中，规则甾烷通常占总甾烷量的 50% 以上，重排甾烷的含量其次，低分子量甾烷和 4-甲基甾烷的含量通常低于 10%。不同规则甾烷的相对比例可用于分析有机质的来源，C_{27} 甾烷的母质是低等水生生物或藻类，C_{28} 甾烷主要源于硅藻，而藻

类和高等植物均可作为 C_{29} 甾烷的母质。陆相盆地原油的规则甾烷通常表现为 $C_{27}>C_{28}$ 且 $C_{28}<C_{29}$ 的 "V" 字形分布,反映具有藻类和高等植物两种有机质来源的特征。甾烷分子的 C-10 和 C-13 位上连有甲基,C-17 位连接较长的支链烷基,在 C-24 位可连接甲基或乙基,从而构成 $C_{27}\sim C_{29}$ 甾烷(图 8-2)。规则甾烷分子的 C-5、C-14 和 C-17 位上的 H 原子构型有 α 和 β 之分,C-20 为手征碳原子,其立体构型有 R 构型和 S 构型两种。规则甾烷的生物构型为 $C_{27}\sim C_{29}$ $5\alpha(H)$,$14\alpha(H)$,$17\alpha(H)$ 20R,地质构型的产生是由 C-20 位的 R 构型向 S 构型转变以及 C-14 和 C-17 位上的 α-H 原子向 β-H 原子转变而引起的,包括 $C_{27}\sim C_{29}$ $5\alpha(H)$,$14\alpha(H)$,$17\alpha(H)$ 20S、$C_{27}\sim C_{29}$ $5\alpha(H)$,$14\beta(H)$,$17\beta(H)$ 20R 和 $C_{27}\sim C_{29}$ $5\alpha(H)$,$14\beta(H)$,$17\beta(H)$ 20S。随着有机质热演化程度的增加,规则甾烷 R 构型与 S 构型以及 $14\alpha(H)$,$17\alpha(H)$ 构型与 $14\beta(H)$,$17\beta(H)$ 构型会逐渐达到平衡,热演化程度可以通过 20S/(20R+20S) 和 $\beta\beta/(\alpha\alpha+\beta\beta)$ 来表征。此外,随着热演化作用的进行,规则甾烷 C-10 和 C-13 位上的甲基会发生重排,分别连接到 C-5 和 C-14 位上,使 C-13 和 C-17 位上的 H 原子出现 α 和 β 两种构型,进而形成一系列重排甾烷。

8.2　烃类的有机质来源和沉积环境

据富矿砂岩中吸附烃和包裹体烃的 GC-MS 检测结果,可以从正构烷烃的峰值特征、$C_{27}\sim C_{29}$ 甾烷的相对含量、规则甾烷/17α 藿烷、C_{26}/C_{25} 三环萜烷、$C_{31}R/C_{30}$ 藿烷、C_{35} 22S/C_{34} 22S 藿烷、C_{29}/C_{30} 藿烷、伽马蜡烷/(伽马蜡烷+C_{30} 藿烷)、C_{30}^{*}/C_{29}Ts 以及 Pr/Ph 等参数来分析烃类有机质来源及其沉积环境特征。

富矿砂岩中吸附烃和包裹体烃的 GC-MS 检测结果显示,正构烷烃呈双峰分布特征,主峰碳分别为 C_{16}/C_{18} 和 $C_{22}\sim C_{25}$(图 8-3),表明其源于成熟度较低的腐泥—腐殖型(或腐殖—腐泥型)有机质(张振芳等,2001),或是源于相同有机质不同期次的原油以及不同有机质来源原油的混合(陈文学等,2002;李宏涛等,2008)。

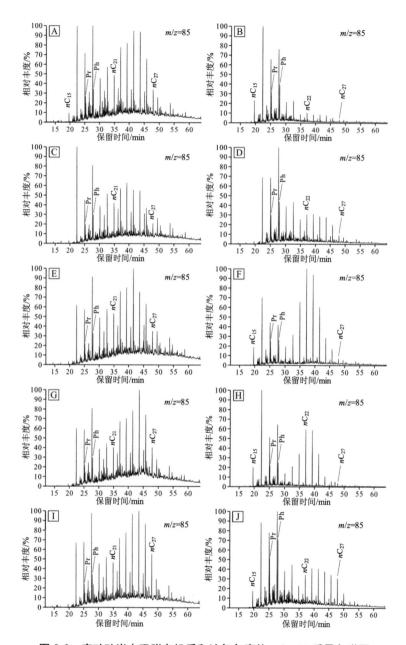

图 8-3 富矿砂岩中吸附有机质和油气包裹体 *m/z*=85 质量色谱图

注：A. 样品 370109-adsorbed，B. 样品 370109-inclusion，C. 样品 410102-adsorbed，D. 样品 410102-inclusion，E. 样品 490412-adsorbed，F. 样品 490412-inclusion，G. 样品 370104-adsorbed，H. 样品 370104-inclusion，I. 样品 370110-adsorbed，J. 样品 370110-inclusion。nC$_{15}$. C$_{15}$ 正构烷烃，Pr. 姥鲛烷，Ph. 植烷。

吸附烃和包裹体烃的规则甾烷均表现为 $C_{27} > C_{28}$ 且 $C_{28} < C_{29}$ 的 "V" 字形分布特征（图 8-4），其中 C_{27} 甾烷在 34.5%～41.51% 之间，C_{28} 甾烷在 23.88%～26.84% 之间，C_{29} 甾烷在 34.62%～39.39% 之间，C_{27} 甾烷与 C_{29} 甾烷的含量相当，二者均高于 C_{28} 甾烷，说明烃源岩的有机质有藻类和高等植物两种来源，有机质为腐殖—腐泥型（侯读杰等，2011）。选取样品烃类的 $\alpha\alpha\alpha$-20R 甾烷与梁文华（2003）对邻近的昌图凹陷的烃源岩和油砂的测试结果作比较，发现富矿砂岩中的有机质与阜新组和沙海组烃源岩中的有机质相比差别较大，而与来自九佛堂组的原油中的有机质相近（图 8-5）。

规则甾烷/17α 藿烷反映真核生物（主要是藻类和高等植物）与原核生物（主要是细菌）对烃源岩的贡献，其中规则甾烷由 C_{27}～C_{29} $\alpha\alpha\alpha$（20S+20R）和 $\alpha\beta\beta$（20S+20R）甾烷构成，17α 藿烷由包括 C_{31}～C_{33} 22R 和 22S 差向异构体在内的 C_{29}～C_{33} 假同系物构成（Moldowan et al.，1985）。然而，成熟度的增加会对规则甾烷和 17α 藿烷的相对含量产生影响（Seifert et al.，1978），而且甾类和藿类化合物在生物体中的含量变化很大，因而规则甾烷/17α 藿烷比值对沉积有机质中真核生物和原核生物贡献的评价只是定性的。通常，海相烃源岩中的有机质主要源于底栖藻类和浮游生物，有机质中甾烷含量较高，甾烷/藿烷比值通常大于 1（Moldowan et al.，1985），而陆相烃源岩或经过微生物改造的沉积有机质中，甾烷含量以及甾烷/藿烷比值都较低（Tissot et al.，1984）。Moldowan 等（1985）对 40 个来自不同烃源岩的原油样品进行研究发现，与海相原油相比，非海相原油的规则甾烷/17α 藿烷比值通常较低（接近零）。钱家店地区富矿砂岩中吸附烃和包裹体烃的规则甾烷/17α 藿烷比值在 0.34～0.41 之间（表 8-1），这表明有机质为陆地来源。

C_{26}/C_{25} 三环萜烷比值和 $C_{31}R/C_{30}$ 藿烷比值可作为区分海相原油和湖相原油的指标。据全球 500 多个原油样品统计数据显示，源于海相碳酸盐岩、泥灰岩和页岩的原油的 $C_{31}R/C_{30}$ 藿烷比值普遍大于 0.25，C_{26}/C_{25} 三环萜烷比值普遍小于 1.2；湖相烃源岩生成的原油的 $C_{31}R/C_{30}$ 藿烷比值普遍小于 0.25，C_{26}/C_{25} 三环萜烷比值普遍大于 1.2（Peters et al.，2005）。钱家店地区富矿砂岩中吸附烃和包裹体烃的 C_{26}/C_{25} 三环萜烷比值在 2.0～2.83 之间，$C_{31}R/C_{30}$ 藿烷比值在 0.19～0.24 之间（表 8-1），具有典型湖相有机质的特征。

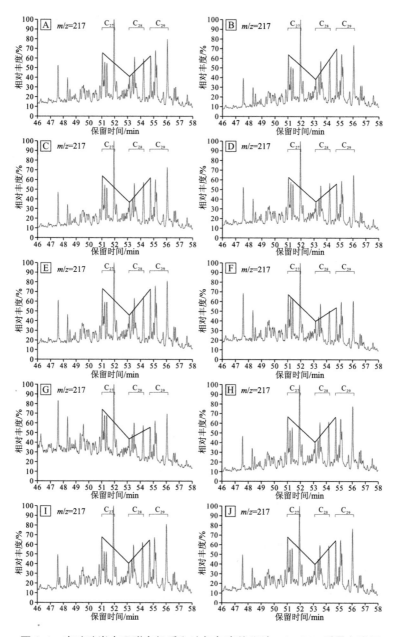

图 8-4　富矿砂岩中吸附有机质和油气包裹体甾烷 *m/z*=217 质量色谱图

注：A. 样品 370109-adsorbed，B. 样品 370109-inclusion，C. 样品 410102-adsorbed，D. 样品 410102-inclusion，E. 样品 490412-adsorbed，F. 样品 490412-inclusion，G. 样品 370104-adsorbed，H. 样品 370104-inclusion，I. 样品 370110-adsorbed，J. 样品 370110-inclusion。

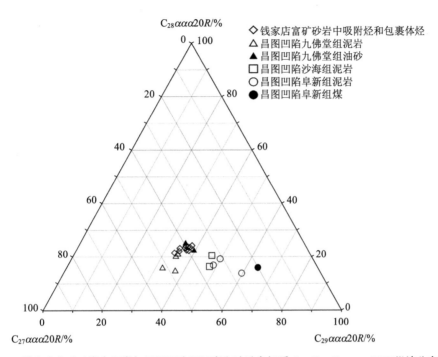

图 8-5　钱家店富矿砂岩中烃类与昌图凹陷烃源岩和油砂有机质 C_{27}-C_{28}-C_{29} $\alpha\alpha\alpha20R$ 甾烷分布图

资料来源：梁文华（2003）。

藿烷类尤其是 C_{31} 及以上的升藿烷源自组成细菌细胞膜的细菌藿四醇（Ourisson et al.，1979，1984）。原油中不同藿烷的比值可有效反映烃源岩的沉积相特征，其中以 C_{29}/C_{30} 和 C_{35}/C_{34} 藿烷比值的应用最为普遍。C_{35}/C_{34} 藿烷比值为了避免干扰采用 22S 异构体，而非 22S 和 22R 之和。陆相沉积环境普遍富氧，海相沉积环境则相对缺氧，从而造成源于陆相环境煤和树脂的原油的 C_{35} 22S/C_{34} 22S 和 C_{29}/C_{30} 藿烷比值通常小于 0.6，而源于海相碳酸盐岩和页岩的原油的 C_{35} 22S/C_{34} 22S 藿烷比值大于 0.8，C_{29}/C_{30} 藿烷比值大于 0.6。钱家店地区富矿砂岩中吸附烃和包裹体烃的 C_{35} 22S/C_{34} 22S 藿烷比值在 0.48～0.60 之间，C_{29}/C_{30} 藿烷比值在 0.46～0.54 之间（表 8-1），这反映了典型的湖相有机质特征。

伽马蜡烷广泛分布在海相碳酸盐岩和非海相沉积物中，是分层水体环境的标志物（Sinninghe Damsté et al.，1995；张立平等，1999；Cai et al.，2009）。水体的高盐度通常是水体分层的主要原因，但在某些因季节或温度引起水体分层的淡水—微咸水环境中，伽马蜡烷含量也较高（张立平等，1999）。钱家店地区富矿砂岩中吸附烃和包裹体烃中存在一定量的伽马蜡烷，伽马蜡烷/（伽马蜡烷+C_{30}藿烷）比值在 0.15～0.17 之间（表 8-1），暗示烃源岩沉积于半深湖—深湖局部水体分层的还原环境。

Peters 等（2005）认为，17α 重排藿烷（C_{30}^*）源于氧化—半氧化条件下含黏土沉积物中的细菌，这与典型的高等陆生原油中最富含 C_{30}^* 的现象不谋而合（Volkman et al.，1983b；Philp et al.，1986）。$C_{30}^*/C_{29}Ts$ 参数的应用虽然尚未完善地建立起来，但沉积环境的氧化还原条件在很大程度上影响着 C_{30}^* 和 $C_{29}Ts$ 的相对含量，源于缺氧环境烃源岩中的原油通常具有较低的 $C_{30}^*/C_{29}Ts$ 比值，而源于氧化—半氧化环境的页岩的原油的 $C_{30}^*/C_{29}Ts$ 比值较高。钱家店地区富矿砂岩中吸附烃和包裹体烃的 $C_{30}^*/C_{29}Ts$ 比值在 0.33～0.45 之间（表 8-1），这表明其烃源岩沉积于缺氧环境。

姥鲛烷和植烷的相对含量（Pr/Ph）对烃源岩形成时的氧化还原条件有一定的指示作用，但它同时还受到母质输入和成熟度的影响。姥鲛烷和植烷主要来源于叶绿素中的植基侧链，包括光合生物中的叶绿素 a 及紫硫细菌中的细菌叶绿素 a 和叶绿素 b（Brooks et al.，1969；Powell et al.，1973）。缺氧条件下沉积物中的植基侧链容易断裂形成植醇，植醇进一步被还原形成二氢植醇，最终转变为植烷。在氧化条件下，植基侧链形成的植醇会被氧化成植酸，植酸通过脱羧基作用形成姥鲛烯，最后被还原成姥鲛烷。Didyk 等（1978）认为，姥鲛烷和植烷的相对含量可用于反映烃源岩形成时的氧化还原条件，源于缺氧环境中烃源岩的原油Pr/Ph 比值小于 1，而源于氧化环境中烃源岩的原油 Pr/Ph 比值大于 1。然而，生油窗内的烃源岩的 Pr/Ph 比值大多集中在 0.8～3.0 之间，该比值大小与沉积环境氧化还原条件的相关性很差，只有结合其他地球化学依据才能对烃源岩沉积时的氧化还原条件作出合理判断（Peters et al.，2005）。即便如此，对生油窗内的烃源岩来说，Pr/Ph 比值小于 0.8 反映缺氧的高盐度或碳酸盐岩环境，Pr/Ph 比值大于3.0 反映氧化的陆相沉积环境。钱家店地区富矿砂岩中吸附烃和包裹体烃的 Pr/Ph 比值在 0.51～0.84 之间（表 8-1），反映烃源岩形成于缺氧的沉积环境。

以上分析表明，吸附烃和包裹体烃的地球化学特征相似，均源于还原性的淡水湖泊环境中的腐殖—腐泥型有机质，这与九佛堂组烃源岩的有机质特征一致，而与沙海组及阜新组多以腐泥—腐殖型、腐殖型为主的有机质类型有较大差异（罗天明等，1998；张玉明，2006）。因此，钱家店地区富矿砂岩中充注的油气最可能来自九佛堂组。

8.3　烃类的成熟度

根据富矿砂岩中吸附烃和包裹体烃的 GC-MS 检测结果，还可以根据 $C_{31}\alpha\beta$ 藿烷 $22S/$（$22S+22R$）、Ts/Tm、C_{29} $\alpha\alpha\alpha$ 甾烷 $20S/$（$20S+20R$）、C_{29} 甾烷 $\beta\beta/$（$\beta\beta+\alpha\alpha$）、C_{30} 莫烷/藿烷以及 CPI 和 MPI-1 等参数来分析烃类的成熟度。

升藿烷异构化参数 $22S/$（$22S+22R$）对于评估未成熟到生油早期阶段的成熟度具有很高的专属性。生物成因的藿烷前驱物具有 $22R$ 的构型，随着热演化作用的进行，它会逐渐转化为地质构型的 $22S$ 藿烷，二者共存，直至达到平衡。通常，用 C_{31} 或 C_{32} 升藿烷的分析结果来计算 $22S/$（$22S+22R$）的值，在热演化过程中该比值可从 0 升至 0.6（0.57～0.62 为平衡值）（Seifert et al.，1980）。$22S/$（$22S+22R$）值在 0.5～0.54 时的样品刚进入生油阶段，在 0.57～0.62 时则表明样品已经达到或超过生油的主要时期。钱家店地区富矿砂岩中吸附烃和包裹体烃的 $C_{31}\alpha\beta$ 藿烷 $22S/$（$22S+22R$）值在 0.58～0.6 之间（表 8-1），表明烃源岩热演化已进入生油窗。

Ts/（Ts+Tm）或 Ts/Tm 是基于 C_{27} 藿烷相对稳定性的成熟度参数，适用于未成熟至过成熟的范围，但对母源有很强的依赖性，是同一油源的原油成熟度评价的可靠指标。Ts 代指 C_{27} 18α（H）-22,29,30-三降新藿烷，Tm 代指 C_{27} 17α（H）-22,29,30-三降藿烷。在后生作用阶段，Ts 的稳定性比 Tm 要强（Seifert et al.，1978）。钱家店地区富矿砂岩中吸附烃和包裹体烃的 Ts/Tm 值在 0.89～1.47 之间（表 8-1），表明烃源岩已经成熟。

C_{29} $\alpha\alpha\alpha$ 甾烷 $20S/$（$20S+20R$）对烃源岩未成熟到成熟范围的表征也具有高专属性。甾烷 C-20 上的 R 构型只存在于生物的甾类先体物中，在埋藏热演化过程中，C-20 上发生的异构化作用，甾烷 R 构型逐渐转化为 S 构型，直至达到平衡。随着成熟度的增加，$C_{29}\alpha\alpha\alpha$ 甾烷 $20S/$（$20S+20R$）值从 0 升至约 0.5（0.52～0.55 为平衡值）（Peters et al.，2005）。国内学者用该参数进行有机质热演化阶段划分时，认为小于 0.2 为未成熟，0.2～0.3 为低熟，大于 0.3 为成熟（侯读杰等，2011）。

钱家店地区富矿砂岩中吸附烃和包裹体烃的 $C_{29}\alpha\alpha\alpha$ 甾烷 $20S/$（$20S+20R$）值在 $0.34\sim0.38$ 之间（表 8-1），虽然低于国际通用的平衡值 $0.52\sim0.55$，但已达到了国内学者常用的有机质成熟范围。

C_{29} 甾烷 $\beta\beta/$（$\beta\beta+\alpha\alpha$）同样对烃源岩未成熟至成熟范围的表征具有高专属性。C_{29} 规则甾烷 $20S$ 和 $20R$ 随着热演化的进行，C-14 和 C-17 位上的 H 原子发生异构化作用，$\beta\beta/$（$\beta\beta+\alpha\alpha$）比值逐渐从近于 0 增加到 $0.67\sim0.71$ 而达到平衡（Peters et al.，2005）。C_{29} 甾烷 $\beta\beta/$（$\beta\beta+\alpha\alpha$）不受母质类型的影响，而且比 C_{29} $\alpha\alpha\alpha$ 甾烷 $20S/$（$20S+20R$）达到平衡的速率慢，因而也适用于高成熟度的表征。对于中国陆相沉积物，该比值小于 0.15 为未成熟，$0.15\sim0.3$ 为低熟，大于 0.3 为成熟（侯读杰等，2011）。钱家店地区富矿砂岩中吸附烃和包裹体烃的 C_{29} 甾烷 $\beta\beta/$（$\beta\beta+\alpha\alpha$）值在 $0.36\sim0.39$ 之间（表 8-1），虽然低于国际通用的平衡值 $0.60\sim0.71$，但已达到了国内学者常用的有机质成熟范围。

C_{30} 莫烷/藿烷对表征烃源岩未成熟至早期生油阶段的成熟度具有高度专属性。17α（H），21β（H）-藿烷比 17β（H），21α（H）-莫烷的稳定性强，随着成熟度的增加，C_{29} 和 C_{30} 莫烷的含量与对应的藿烷相比是降低的。未成熟沥青中 17β（H），21α（H）-莫烷与其对应的 17α（H），21β（H）-藿烷的比值约为 0.8，而成熟烃源岩中该比值小于 0.15，在原油中该比值还可低至 0.05（Mackenzie et al.，1980；Seifert et al.，1980）。钱家店地区富矿砂岩中吸附烃和包裹体烃的 C_{30} 莫烷/藿烷值在 $0.14\sim0.15$ 之间（表 8-1），表明有机质已经达到成熟阶段。

石油的成熟度还可以用正构烷烃的奇碳数与偶碳数的相对含量来进行初步评价，其中碳优势指数（CPI）的计算公式如下：

$$CPI=\left[\left(C_{25}+C_{27}+C_{29}+C_{31}+C_{33}\right)/\left(C_{24}+C_{26}+C_{28}+C_{30}+C_{32}\right)+\left(C_{25}+C_{27}+C_{29}+C_{31}+C_{33}\right)/\left(C_{26}+C_{28}+C_{30}+C_{32}+C_{34}\right)\right]/2$$

CPI 值明显大于 1 和小于 1 分别叫作奇碳数优势和偶碳数优势，这两种情况均反映低成熟度特征。CPI 值等于 1 时表明但并不充分证明原油是成熟的。CPI 值小于 1 的情况并不常见，通常只有在源于碳酸盐岩或高盐度环境的低熟石油或沥青中才能见到。钱家店地区富矿砂岩中吸附烃和包裹体烃的 CPI 指数在 $1.14\sim1.59$ 之间（表 8-1），反映有机质已经趋于成熟。

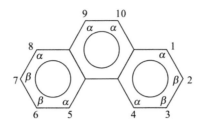

图 8-6　菲的分子结构和碳原子排列顺序示意图

资料来源：Radke et al.（1986）。

菲系列化合物在以母源为高等植物为主的有机质中含量较高，其分子骨架中 β 位比 α 位上取代的甲基稳定性高（图 8-6）。甲基菲指数专用于成熟度表征，但必须对每个含油气系统进行校正，其中一个常见参数 MPI-1 的计算公式如下：

$$MPI\text{-}1 = 1.5 \times （2\text{-}MP + 3\text{-}MP） / （MP + 1\text{-}MP + 9\text{-}MP）$$

甲基菲指数与镜质体反射率之间可以实现校正（Radke et al.，1983），在平均镜质体反射率 R_m 为 0.65%～1.35% 的生油窗范围内，MPI-1 与 R_m 具有良好的线性正相关性；在 R_m 为 1.35%～2.0% 的范围内，MPI-1 与 R_m 具有良好的线性负相关性。MPI-1 与计算的镜质体反射率 R_c 的换算关系如下：

$$R_c = 0.60MPI\text{-}1 + 0.4 \qquad （0.65\% \leqslant R_m < 1.35\%）$$

$$R_c = -0.60MPI\text{-}1 + 2.3 \qquad （1.35\% \leqslant R_m < 2.00\%）$$

钱家店地区富矿砂岩中吸附烃和包裹体烃的甲基菲指数 MPI-1 在 0.19～0.33 之间，换算得到的镜质体反射率 R_c 在 0.51%～0.6% 之间，再次表明其中充注的石油是成熟的。

综合以上各项成熟度指标，一致表明钱家店地区富矿砂岩中充注的石油来自热演化成熟的烃源岩，这与九佛堂组烃源岩的特征一致（张玉明，2006）。

8.4　烃类的生物降解

油气在储层中发生生物降解的条件和特征在本书第 4.2.3 节已有具体介绍。

在钱家店铀矿床中，含矿的姚家组地层经历的温度在 30～80℃之间，该温度环境适合微生物的生存，如果该铀矿储层中含有油气，则这些油气可能发生生物降解作用（Wenger et al.，2002）。

钱家店地区富矿砂岩中抽提得到的吸附烃和包裹体烃的色谱分析显示，吸附烃和包裹体烃中在 C_{15+} 的范围内存在很大的 UCM（图 8-7），并且存在丰富的 C_{26}～C_{30} 17α，21β 25-降藿烷（图 8-8、图 8-9、图 8-10）。这些证据表明，钱家店富矿砂岩中的油气经历过严重的生物降解作用，降解等级达到了 Peters 等（1991）划分的降解等级的第六级或第七级（图 8-11）。吸附烃的 UCM 明显大于包裹体烃的 UCM，说明吸附烃经历的生物降解过程更为持续和严重，这是由于吸附烃处于暴露环境而包裹体烃处于封闭环境造成的。

富矿砂岩中方解石胶结物原生油气包裹体中烃类发生生物降解作用，印证了前文关于方解石胶结物中部分碳来自油气的推测。结合前文中铀矿物与 BSR 成因的黄铁矿和嵌晶状方解石交互共生，以及形成于低温流体中的富 P 元素的微球粒状铀石的现象，不仅进一步证明微生物参与了铀矿化过程，而且证明油气也参与了铀矿化作用，油气为微生物的新陈代谢提供了能量来源。

特别说明，根据 Peters 等（1991）对石油生物降解等级的划分方案，当石油被生物降解产生 25-降藿烷系列化合物时，石油中的正构烷烃、类异戊二烯烃和甾烷已经全被降解且消失。通过前文分析可知，含矿砂岩的吸附烃和包裹体烃中仍然有正构烷烃、类异戊二烯烃和甾烷存在。这种现象是由于有不同期次的油气充注，导致早期发生严重生物降解的石油与晚期未发生或轻微发生生物降解的石油产生混合。早期发生严重生物降解的石油由于正构烷烃、类异戊二烯烃和甾烷烃类被完全破坏，无法通过生物标志化合物参数判断其来源和成熟度情况。因此，本书第 8.2 节中分析的有机质来源和沉积环境参数以及第 8.3 节中分析的成熟度参数都表征的是晚期充注含矿层石油的信息。

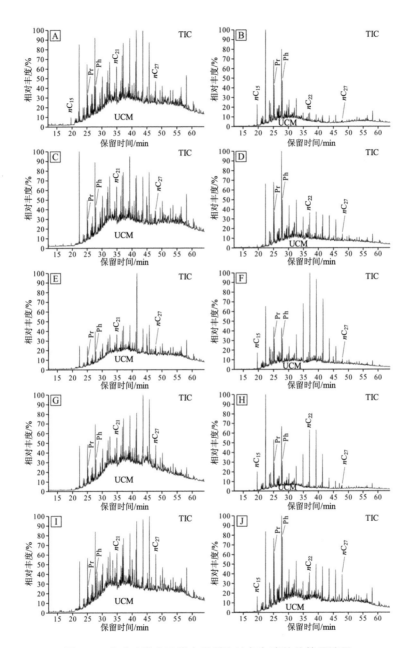

图 8-7　富矿砂岩中吸附有机质和油气包裹体总粒子流图

注：A. 样品 370109-adsorbed，B. 样品 370109-inclusion，C. 样品 410102-adsorbed，D. 样品 410102-inclusion，E. 样品 490412-adsorbed，F. 样品 490412-inclusion，G. 样品 370104-adsorbed，H. 样品 370104-inclusion，I. 样品 370110-adsorbed，J. 样品 370110-inclusion。nC_{15}. C_{15} 的正构烷烃，Pr. 姥鲛烷，Ph. 植烷。

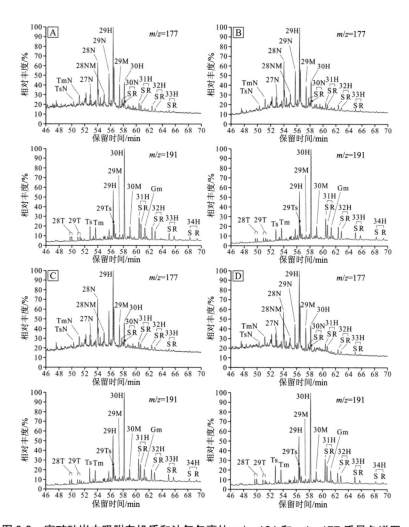

图 8-8　富矿砂岩中吸附有机质和油气包裹体 *m/z*=191 和 *m/z*=177 质量色谱图一

注：A. 样品 370109-adsorbed，B. 样品 370109-inclusion，C. 样品 410102-adsorbed，D. 样品 410102-inclusion。28T. C28 三环萜烷；29T. C_{29} 三环萜烷；Ts. C_{27} 18α-22，29，30-三降藿烷；Tm. C_{27} 17α-22，29，30-三降藿烷；29H. C_{29} 17α，21β-30-降藿烷；29Ts. C_{29} 18α-30-降藿烷；29M. C_{29} 17β，21α-30-降莫烷；30H. C_{30} 17α，21β-藿烷；30M. C_{30} 17β，21α-莫烷；31H. C_{31} 17α，21β-升藿烷；Gm. 伽马蜡烷；32H. C_{32} 17α，21β-二升藿烷；33H. C_{33} 17α，21β-三升藿烷；34H. C_{34} 17α，21β-四升藿烷；TsN. C_{26} 18α-22，25，29，30-四降藿烷；TmN. C_{26} 17α-22，25，29，30-四降藿烷；27N. C_{27} 17α，18α，21β-25，28，30-三降藿烷；28N. C_{28} 17α，21β-25，30-二降藿烷；28NM. C_{28} 17β，21α-25，30-二降莫烷；29N. C_{29} 17α，21β-25-降藿烷；30N. C_{30} 17α，21β-25-降升藿烷。

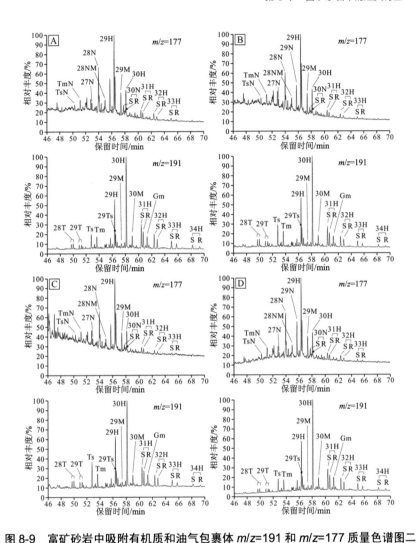

图 8-9　富矿砂岩中吸附有机质和油气包裹体 *m/z*=191 和 *m/z*=177 质量色谱图二

注：A. 样品 490412-adsorbed，B. 样品 490412-inclusion，C. 样品 370104-adsorbed，D. 样品 370104-inclusion。
化合物命名同图 8-8。

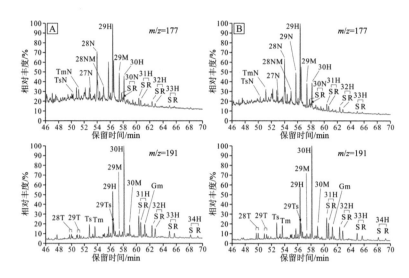

图 8-10 富矿砂岩中吸附有机质和油气包裹体 *m/z*=191 和 *m/z*=177 质量色谱图三

注：A. 样品 370110-adsorbed，B. 样品 370110-inclusion。化合物命名同图 8-8。

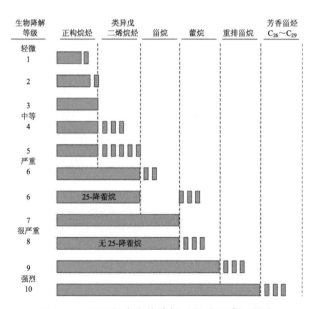

图 8-11 不同程度生物降解对原油组成的影响

注：1. 正构烷烃轻度损失；2. 正构烷烃中度损失；3. 正构烷烃少量保留；4. 无正构烷烃，无环异戊二烯类烷烃无损失；5. 无环异戊二烯类烷烃消失；6. 甾烷部分损失；7. 甾烷降解，重排甾烷无损失；8. 藿烷部分降解；9. 藿烷损失，重排甾烷受影响；10. $C_{26}\sim C_{29}$ 方向甾类受影响。

8.5　小结

（1）钱家店铀矿床富矿砂岩骨架颗粒上吸附有石油烃，方解石胶结物中含有油气包裹体，这两种烃类具有相似的组成，均显示淡蓝色的荧光特征。方解石胶结物中的油气包裹体的最大直径主要在 2～6 μm，它是在方解石胶结砂岩时期油气充注砂岩储层而形成的。

（2）含矿层中有两期石油混合。早期石油发生了严重的生物降解作用，C_{15+} 范围内存在很多未分离复杂混合物（UCM），存在 C_{26}～C_{30} 17α，21β 25-降藿烷系列化合物，无法通过生物标志化合物判断其来源和成熟度情况。晚期石油未发生或者发生了轻微的生物降解，生物标志化合物分析结果指示它是源于九佛堂组烃源岩，该烃源岩形成于半深湖—深湖局部水体分层的还原环境，有机质类型为腐殖—腐泥型，热演化程度已经达到成熟。

（3）早期石油烃类发生严重生物降解作用的现象印证了前文关于方解石胶结物中部分碳来自油气的推测，油气为生物铀矿化中的微生物提供部分能量来源，从而参与铀矿化过程。

第9章 钱家店地区铀成矿机理与模式

砂岩型铀矿通常形成于埋藏较浅的开放系统中，经历了长时间、多期次的成矿或改造作用，形成不同形态特征和化学组成的铀矿物。本章将结合富矿砂岩类型、铀矿物化学组成及其化学年龄，探究钱家店砂岩型铀矿的成矿机理与模式。

9.1 铀成矿机理

铀矿的成矿机理可以从铀矿物自身的特征和与铀矿物有共生关系的其他自生矿物的特征来直接或间接表征，这些特征在第 7 章和第 8 章已经有所论述，本节将其归纳起来，以讨论铀成矿机理。

铀矿物自身特征是反映其成因机理的直接依据。钱家店铀矿中存在微球粒状的铀石集合体，并且这些微球粒状的铀石中富含 P 元素，P_2O_5 含量达到 8%，表明铀石的形成与微生物密切相关（Min et al.，2005a，2005b；Cai et al.，2007b；Alessi et al.，2014）。

与铀矿物交互共生的黄铁矿和方解石胶结物的特征间接指示铀矿物的形成条件。同位素测试结果显示，胶状黄铁矿的硫同位素异常富集 ^{32}S，$\delta^{34}S$ 值最低达$-41.4‰$，是细菌硫酸盐还原作用（BSR）的产物，间接表明铀矿物（沥青铀矿和铀石）的形成很可能与硫酸盐还原菌（SRB）的活动有关。嵌晶状方解石胶结物形成于 $30\sim50℃$，其中的盐水包裹体基本为单一液相包裹体，且方解石的 $\delta^{18}O_{V\text{-}SMOW}$ 值在 $12.5‰\sim20.2‰$ 之间，$\delta^{13}C$ 值在$-11.2‰\sim-3.0‰$ 之间，反映方解石主要形成于低温地层水环境，并且有部分碳来自下白垩统烃源岩生成的油气，这从方解石胶结物中含有发淡蓝色荧光的油气包裹体以及包裹体烃发生了严重生物降解中可以得到印证。

另外，在钱家店凹陷其他铀矿床的研究中，有些学者发现了一些热液铀矿化的间接"证据"。吴仁贵等（2011，2012）、徐喆等（2011）、蔡建芳等（2013）和翁海蛟等（2015）认为，钱家店凹陷中与钱家店铀矿邻近的白兴吐铀矿、宝龙山铀矿和会田召铀矿含矿砂岩中的碳酸盐胶结物、胶状黄铁矿、草莓状黄铁矿、自生高岭石和赤铁矿等矿物是研究区内与辉绿岩脉有关的基性岩浆活动引起的热液蚀变产物，进而推测铀元素是热液流体向上运移过程中萃取富铀的基底岩石而带来的。然而，这些矿物是否真的是热液流体蚀变产物？这些矿物是否与铀矿物具有成因联系？铀是否为内生来源？学者们并未对此给出充分的矿物学和地球化学依据，只有吴仁贵等（2012）提供的黄铁矿 $\delta^{34}S$ 值在−33.06‰～+14.33‰之间，以此来说明白兴吐铀矿的形成不只与微生物有关，还可能与深部来源的热液有关。此外，中国地质大学（武汉）荣辉教授在钱家店铀矿床中发现了少量的高温热液铀矿物——钛铀矿（Ferris et al.，1971；魏思华，1979；Macmillan et al.，2017；Lesbros-Piat-Desvial et al.，2017），说明钱家店地区也可能存在岩浆活动引起的事件性热液铀成矿作用，至于其影响有多大，有待对此进一步开展调查研究工作。

综合上述分析，认为钱家店地区砂岩型铀矿主要形成于低温地层水环境，局部有事件性热液铀矿化作用。

微生物—油气参与的钱家店砂岩型铀矿成矿作用机理可以归纳为：来自地层水中的硫酸盐在低温、偏碱性和缺氧的条件下，被硫酸盐还原菌还原，形成硫化物（黄铁矿）；来自下伏烃源岩的油气烃类由于为微生物新陈代谢提供部分能量而被氧化（厌氧氧化）。在此过程中，U（Ⅵ）作为细菌氧化还原作用的电子接收者被直接还原成 U（Ⅳ），或者被还原形成的还原性物质（硫化物）还原而导致间接生物矿化。石油烃类中被氧化的碳为方解石胶结物的形成提供了部分碳源。

油气参与的铀的生物矿化作用可用如下化学反应式表达：

$$U^{6+} + SO_4^{2-} + 5/3 （—CH_2） = U^{4+} + H_2S + 5/3CO_2 + 2/3H_2O$$

9.2　铀矿物的化学年龄与成矿模式

9.2.1　铀矿物的化学年龄

为了进一步查明钱家店砂岩型铀矿的形成过程，很有必要确定铀矿物的形成年龄。本研究采用基于电子探针分析（EMPA）的化学 U-Th-Pb 定年法（Bowles，

1990）测定沥青铀矿和铀石的年龄，该方法具有空间分辨率高、价格便宜的特点（Kempe，2003；Alexandre et al.，2005；Cross et al.，2011），已有效应用于锆石、磷钇矿（Suzuki et al.，1991）、独居石（Montel et al.，2000；Cocherie et al.，2005；Schulz et al.，2011；Bonnetti et al.，2017b）、钍石、硅钍石（Jercinovic et al.，2005）、磷灰石（Hu et al.，2013），以及砂岩型铀矿中铀矿物（Frimmel et al.，2014；Zhang et al.，2017）的年龄测定。

铀矿物电子探针化学测年结果显示，钱家店地区的铀矿化主要包括两个阶段（表 9-1，图 7-8、图 9-1），第一期铀矿物的年龄为 43～28 Ma，是中—晚古近纪时期形成的；第二期铀矿物的年龄为 19～3 Ma，是新近纪形成的。与前人基于全岩 U-Pb 测年得到的成矿年龄（张明瑜等，2005；罗毅等，2007）相比，本研究中的电子探针化学测年指示的铀矿化年龄较新而且分布比较集中。假如以实验中用于年龄测试的点数多少代表成矿作用强弱（大多数铀矿物因颗粒过小或表面不平整而无法测试，严格来说并不能以此表示成矿作用强弱），可以看出，在 40 Ma 左右和 10 Ma 以来出现了两次成矿高峰期，其中尤以 10 Ma 以来的成矿作用为最强（图 7-8、图 9-1）。由于电子探针化学测年是针对单个铀矿物的微区分析，排除了矿前期砂岩碎屑矿物和胶结物的影响，并且大大避免了同一样品中多期铀矿物的干扰，因此本研究得出的铀成矿年龄更为可信，对实际的铀成矿时间的指示更为准确。

表 9-1　沥青铀矿和铀石的化学年龄及其计算所用的电子探针数据

沥青铀矿				铀石			
测试点号	PbO$_2$/%	ThO$_2$/%	UO$_2$/%	年龄/Ma	测试点号	PbO$_2$/%	ThO$_2$/%	UO$_2$/%	年龄/Ma
370106-a	0.04	bdl	80.52	4	370102-a	0.05	0.01	68.87	5
370106-b	0.09	bdl	82.05	8	370102-b	0.09	0.02	61.94	11
370106-c	0.03	bdl	83.57	3	370102-c	0.09	0.03	66.03	10
370106-d	0.05	bdl	81.51	4	370102-d	0.08	0.02	61.19	10
370106-e	0.08	bdl	82.09	7	370102-e	0.07	bdl	60.88	8
370106-f	0.04	bdl	83.45	3	370103-a	0.09	0.01	61.34	11
370106-g	0.09	bdl	82.21	8	370103-b	0.04	0.02	63.16	5
370106-h	0.06	bdl	81.60	5	370103-c	0.04	0.02	59.60	5
370107-a	0.43	bdl	81.72	37	370103-d	0.04	bdl	53.92	5
370107-b	0.31	bdl	77.16	28	370103-e	0.07	0.02	51.91	10
370107-c	0.47	bdl	81.98	41	370103-f	0.04	0.02	56.10	5
370107-d	0.37	bdl	80.33	32	410102-a	0.09	0.18	62.99	10

沥青铀矿				铀石				
测试点号	PbO$_2$/%	ThO$_2$/%	UO$_2$/%	年龄/Ma	测试点号	PbO$_2$/%	ThO$_2$/%	UO$_2$/%	年龄/Ma
370107-e	0.49	bdl	80.84	43	410102-b	0.05	0.18	61.15	6
370107-f	0.36	bdl	77.38	33	410102-c	0.05	0.15	60.78	6
370107-g	0.45	bdl	82.32	39	410102-d	0.13	0.06	60.05	16
370107-h	0.42	bdl	79.01	38	410102-e	0.05	0.21	63.06	6
370107-i	0.43	bdl	80.02	38	410102-f	0.16	0.19	66.57	17
370107-j	0.05	bdl	79.45	5	410102-g	0.12	0.20	69.49	13
370107-k	0.47	bdl	81.27	41	410102-h	0.07	0.33	58.40	9
370109-a	0.03	bdl	69.51	3	410103-a	0.03	0.03	65.38	3
370109-b	0.06	bdl	79.64	5	410103-b	0.17	0.01	69.36	19
370109-c	0.08	bdl	75.50	8	410103-c	0.05	0.01	70.09	5
370109-d	0.07	bdl	81.58	6	410103-d	0.04	0.02	72.67	4
370109-e	0.03	bdl	78.87	3	410103-e	0.06	0.01	66.74	7
370109-f	0.08	bdl	82.24	7					
370109-g	0.05	bdl	79.66	5					

注：bdl 为低于检测下限。

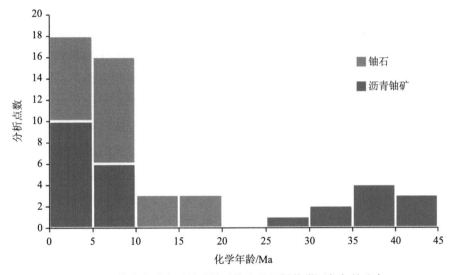

图 9-1　钱家店砂岩型铀矿铀矿物电子探针化学测年年龄分布

此外，不同铀矿物的电子探针化学年龄也有区别。赋存于钙质富矿砂岩中的沥青铀矿在第一期和第二期均有出现，而赋存于非钙质砂岩中的铀石只在第二期出现。至此，钱家店铀矿在富矿砂岩类型、铀矿物化学组成和成矿年龄三个方面都有一定的对应关系，借此可进一步讨论铀成矿的历史。

9.2.2　铀成矿模式

钱家店凹陷中下白垩统九佛堂组、沙海组和阜新组是区域内重要的烃源岩，在晚白垩世末期开始的持续性构造隆升背景下，下白垩统烃源岩生成的油气沿断裂向上覆地层运移（田晓玲等，2001），渗透性较好的姚家组砂岩层便是油气逸散的通道之一，至今仍有保留在含矿砂岩的骨架颗粒上的吸附烃和以油气包裹体形式封存在与油气运移同时期形成的方解石胶结物中的包裹体烃。油气运移时间与前文所测的铀矿物形成年龄具有很好的一致性，油气侵入含矿层，为砂岩型铀矿的形成提供了一定的还原背景，并为有关厌氧微生物的生存提供了一定的能量来源。

钱家店砂岩型铀矿的成矿模式（图 9-2）可以总结为：

（1）在姚家组沉积时期，富铀的母岩，如前寒武纪片麻岩、古生代和中生代花岗岩、晚侏罗世中性—长英质火山岩（Zhang et al.，2010；Wu et al.，2011；Li et al.，2012；Zhou et al.，2012；Bonnetti et al.，2017b），在风化剥蚀后，被搬运沉积形成了姚家组砂岩层，成为后期铀的富集和成矿的一种潜在铀源。

（2）在早期埋藏成岩阶段的弱酸性环境中，岩石碎屑发生蚀变，铀在铁—钛氧化物和黏土矿物中发生预富集（Bonnetti et al.，2017a）。

（3）从晚白垩世末期开始，松辽盆地开始进入构造反转阶段，研究区内的姚家组发生了持续性的构造抬升。地层的抬升和掀斜导致含氧的水体进入地层，携带来自蚀源区和地层中本身含有而被活化的 U（Ⅵ）进入姚家组渗透性砂岩层，向矿床东北部流动（荣辉等，2016）。当含氧含铀流体中的氧被消耗殆尽后，在缺氧的介质环境中，硫酸盐还原菌利用地层中的油气作为新陈代谢的部分物质基础，使石油烃类发生生物降解。同时，微生物以 U（Ⅵ）和硫酸盐作为新陈代谢中的电子接收者，使其分别被还原为 U（Ⅳ）和黄铁矿而沉淀下来，出现了中—晚古近纪的铀矿化事件。在这一时期，矿床东北部的构造天窗尚未形成，成矿流体的碱性较强，砂岩逐渐被方解石胶结，石英和长石溶蚀释放的 Si 元素无法进入铀矿物的晶格，因而主要形成沥青铀矿。这种成矿介质条件从中—晚古近纪持续至新近纪。

（4）进入新近纪后，随着构造抬升的持续进行，矿床东北部形成了构造天窗。

构造天窗部位也有流体进入姚家组地层，与地层中原始来源方向的流体在局部范围内发生混合。同时，上覆新近纪沉积物的覆盖也在一定程度上改变了先前盆地边缘流体的供给状态（荣辉等，2016）。因此，姚家组地层中的流体性质和影响范围也发生了改变，在一些新的砂体部位开始出现铀矿化。在这些新的成矿部位，流体为弱碱性，轻微溶蚀的长石中释放出的 Si 元素可进入铀矿物晶格，因而主要形成铀石。

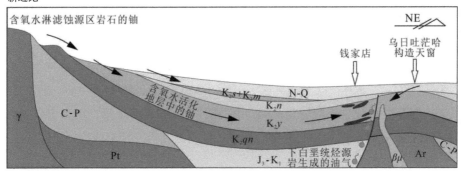

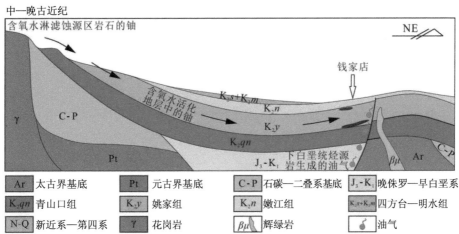

图 9-2　钱家店砂岩型铀矿成矿模式

此外，研究区内的基性岩浆活动可能引起了局部的事件性热液铀成矿作用，或者改造了先期形成的铀矿。

9.3 小结

（1）钱家店铀矿主要由低温地层水环境中的微生物矿化形成。

（2）低温流体中微生物铀矿化的直接证据为存在富 P 元素的微球粒状的铀石集合体。间接证据包括：①含矿砂岩吸附烃和包裹体烃类发生了严重的生物降解作用；②与铀矿物共生的方解石 $\delta^{18}O_{V\text{-}SMOW}$ 值在 12.5‰～20.2‰之间，$\delta^{13}C$ 值在 −11.2‰～−3.0‰之间，均说明成矿作用发生在低温地层水中，部分碳来自发生生物降解的石油烃类；③与铀矿物共生的黄铁矿的硫同位素在−41.4‰～−19.3‰之间，为 BSR 成因。

（3）油气参与的铀的生物矿化作用的化学反应式为：

$$U^{6+} + SO_4^{2-} + 5/3（—CH_2） = U^{4+} + H_2S + 5/3CO_2 + 2/3H_2O$$

（4）铀矿物的化学年龄分为两期，第一期为 43～28 Ma，第二期为 19～3 Ma，其中沥青铀矿在第一期和第二期都有形成，铀石只在第二期形成。

第 10 章　中国北方典型砂岩型铀矿的潜在微生物成矿作用

从地质背景来看，中国北方中生代陆内沉积盆地都具有发育生物矿化的砂岩型铀矿的地质条件（焦养泉等，2015；Jin et al.，2016；Bonnetti et al.，2017a；苗培森等，2017）。松辽盆地西南部开鲁坳陷钱家店铀矿和白兴吐铀矿、鄂尔多斯盆地北部东胜铀矿和大营铀矿、吐哈盆地十红滩铀矿，以及伊犁盆地扎基斯坦（511）和库捷尔太铀矿（512）是我国铀矿勘探较早且研究程度较深的大型、超大型铀矿（焦养泉等，2015），铀矿层中普遍含有碳质碎屑，并且铀矿与区域内的煤、石油和天然气等有机矿产存在空间上的联系，因此，不少学者认为铀矿的形成与这些有机矿产是有关系的（吴柏林，2005；Min et al.，2005a，2005b；Cai et al.，2007a，2007b；吴柏林等，2014；孙莉，2017）。本章简要对比了中国北方典型砂岩型铀矿的特征（表 10-1），探讨了微生物铀矿化作用的普遍潜在性。

10.1　铀矿床基础地质特征

松辽盆地西南部开鲁坳陷的钱家店铀矿和白兴吐铀矿相距约 15 km，是具有地质联系的两个铀矿床。铀矿区内地层平缓，褶皱构造不发育，但断裂构造较发育。含矿层为上白垩统姚家组，主要形成于辫状河沉积环境，地层倾角为 5°～10°。铀矿体呈板状和透镜状，富矿岩石主要为灰色中—细粒长石岩屑砂岩，含矿砂岩中的碳酸盐矿物主要为方解石。铀矿物有沥青铀矿和铀石，还有少量钛铀矿。

表 10-1 中国北方典型砂岩型铀矿特征比较

位置	松辽盆地 钱家店铀矿	松辽盆地 白兴吐铀矿	鄂尔多斯盆地 东胜铀矿	鄂尔多斯盆地 大营铀矿	吐哈盆地 十红滩铀矿	伊犁盆地 扎基斯坦和库捷尔太大铀矿
含矿层位	上白垩统姚家组	—	中侏罗统直罗组下段	中侏罗统直罗组下段	中下侏罗统水西沟群	中下侏罗统水西沟群
地层倾角	5°~10°		1°~3°	1°~3°	3°~10°	2°~11°
主要沉积相	辫状河	辫状河	辫状河	辫状河三角洲	辫状河、辫状三角洲	扇三角洲
矿体形态	板状、透镜状	板状、透镜状	卷状、板状	卷状、板状	卷状、板状	板状
含矿岩性	灰色中—细粒长石岩屑砂岩	灰色中—细粒长石岩屑砂岩	灰色—浅灰色中—细粒岩屑长石砂岩	灰色—浅灰色中—细粒岩屑长石砂岩	灰色砂岩	灰色粗—中粒岩屑砂岩
主要蚀变矿物	褐铁矿、高岭石、伊利石、黄铁矿、方解石	褐铁矿、高岭石、伊利石、黄铁矿、方解石	褐铁矿、绿泥石、绿帘石、黄铁矿、方解石	褐铁矿、绿泥石、绿帘石、黄铁矿、方解石	褐铁矿、黄钾铁矾、黄铁矿	高岭石、伊利石、方解石
主要碳酸盐矿物	方解石	方解石	方解石	方解石	方解石	方解石
铀矿物	沥青铀矿和铀石为主、少量钛铀矿	沥青铀矿和铀石为主、少量钛铀矿	铀石为主、少量沥青铀矿和钛铀矿	铀石为主、少量沥青铀矿和钛铀矿	沥青铀矿和铀石为主、少量钛铀矿	—
有机质	碳质碎屑、吸附烃、包裹体烃	碳质碎屑	碳质碎屑、吸附烃、包裹体烃	碳质碎屑、包裹体烃	碳质碎屑、包裹体烃	碳质碎屑、包裹体烃
含油包裹体丰度/%	1~3（少数） <1（多数）		1~5（9.5%） <1（90.5%）	—	1~5（17%） <1（83%）	1~2（30%） <1（70%）
油气包裹体烃类降解特征	微生物降解	—	微生物降解	—	—	—

位置	松辽盆地		鄂尔多斯盆地		吐哈盆地	伊犁盆地
	钱家店铀矿	白兴吐铀矿	东胜铀矿	大营铀矿	十红滩铀矿	扎基斯坦和库捷尔太大铀矿
盐水包裹体均一温度/℃	67.4~178.8（80~90、110~120 和 140~150 三组）		41~125（40~70 和 100~125 两组）	（45~60 和 130~170 两组）	64~117（65~90 和 100~115 两组）	73~93
黄铁矿的 $\delta^{34}S$/‰	-41.4~-19.3	-72.0~24.8	-39.2~27.0	-37.4~-11.6	-27.6~27.2	-32.2~-0.5
碳酸盐胶结物 $\delta^{13}C$/‰	-21.6~0.4	-10.5~-2.7	-27.6~-1.4	-13.5~-4.4	-10.7~-3.4	-13.8~-7.3
烃源岩	下白垩统九佛堂组、沙海组		下侏罗统延安组、上三叠统延长组		中下侏罗统水西沟群、中上三叠统克拉玛依组、上二叠统含房沟群、下二叠统桃东沟群	中下侏罗统水西沟群、中上三叠统小泉沟群、下二叠统铁木里克组
油气储层	下白垩统九佛堂组、沙海组		下侏罗统延安组、富县组、上三叠统延长组		中下侏罗统水西沟群、中上三叠统克拉玛依组、中下二叠统桃东沟群	中下侏罗统水西沟群、中上三叠统小泉沟群、上二叠统下仓房沟群
铀成矿期	E_{2-3}~N	K_2~N	K_1、K_2、N_1	E_3~N_2	K_1、晚期、E_{2-3}、N_1	K、N、Q_1
油气运移充注期	K_2~N		K_1 早期、K_2、E_3~N_1		J_3 末期~K_1 早期，K_2	

资料来源：田晓玲等（2001）、肖新建（2004）、吴柏林（2005）、Min et al. (2005a, 2005b)、Cai et al. (2007a, 2007b)、李宏涛（2007）、庞雅庆（2007）、罗毅等（2007, 2012）、吴柏林等（2014）、Bonnetti et al. (2017a)、苗培森等（2017）、聂逢君等（2017）、孙莉（2017）、张龙（2017）。

东胜铀矿和大营铀矿均位于鄂尔多斯盆地北部，二者具有相似的铀矿地质条件。铀矿主要赋存于中侏罗统直罗组下段砂体中，沉积环境为辫状河和辫状河三角洲，地层倾角为 1°～3°。铀矿体呈卷状和板状，矿石大部分为浅灰色砂岩，部分为灰绿色砂岩，部分含矿砂岩为方解石胶结。铀矿物以铀石为主，有少量沥青铀矿和钛铀矿。

十红滩铀矿位于吐哈盆地西南缘，下侏罗统水西沟群（包括八道湾组、三工河组、西山窑组）是主要的含铀矿层，地层倾角为 3°～10°，是一套温暖湿润气候下的河流—湖沼相含煤碎屑沉积建造，灰色的砂体中有机质和无机还原物质丰富，铀矿主要赋存于西山窑组的辫状河相及辫状三角洲相砂体，铀矿体呈卷状和板状。部分含矿砂岩为方解石胶结。铀矿物主要为沥青铀矿和铀石，还有少量钛铀矿。

扎基斯坦和库捷尔太铀矿位于伊犁盆地南缘，含矿目的层为水西沟群，地层倾角为 2°～11°。工业铀矿化的砂体属扇三角洲沉积，主要为灰色粗—中粒岩屑砂岩，铀矿化严格受氧化带前锋形态控制，多呈卷状，其次为板状。铀矿物中沥青铀矿最多，其次为铀石，还有少量的钛铀矿。

10.2 含矿层中的有机质

地层中的有机质包括固态的碳质碎屑、液态的石油和气态的天然气，它们与砂岩型铀矿关系密切。钱家店铀矿、白兴吐铀矿、东胜铀矿、大营铀矿、十红滩铀矿、扎基斯坦铀矿和库捷尔太铀矿的含矿层中均有丰富的碳质碎屑，而且有机碳含量与铀含量呈明显的正相关性。含油包裹体丰度（GOI）是指示岩石中油气包裹体含量的参数，当 GOI＜1% 时，认为地层中没有石油充注历史，GOI 在 1%～5% 之间时，指示地层有过少量的充注，当 GOI＞5% 时，指示地层有过大规模石油充注。据前人统计发现，这七个铀矿中，在与铀矿物共生的方解石胶结物中都发现了油气包裹体，钱家店铀矿含矿砂岩中大多数样品的 GOI＜1%，少数样品的 GOI 在 1%～3% 之间（李宏涛，2007）；东胜铀矿中有 90.5% 的含矿砂岩的 GOI＜1%，9.5% 的含矿砂岩的 GOI 在 1%～5% 之间；十红滩铀矿中，GOI＜1% 的样品占统计总数的 83%，有 17% 的样品 GOI 在 1%～5% 之间；伊犁盆地南部铀矿中样品的 GOI 均小于 2%，其中 30% 的样品 GOI 为 1%～2%。这表明这些含矿储层都曾有过少量的油气充注。同时，油气包裹体多存在于与铀矿物有共生关系的方解石胶结物中，指示油气充注与铀成矿关系密切。另外，在钱家店铀矿和东胜铀矿含矿砂岩中还发现了吸附在砂岩骨架颗粒上的石油残留物。

吴柏林（2005）进一步研究了不同有机质对铀成矿的影响，认为东胜矿床气态有机质作用明显，固体有机质作用次之；伊犁地区生物细菌作用明显，气态有机质作用次之；吐哈地区的铀成矿受固体有机质、气态有机质和生物细菌的共同作用。

10.3 盐水包裹体均一温度

在这些铀矿中，方解石常常与铀矿物共生，方解石的形成温度基本能代表铀成矿的温度。含矿砂岩中矿物的盐水包裹的均一温度测试结果显示，白兴吐铀矿石英自生加大边和铁白云石形成于 67.4～178.8℃，包括 80～90℃、110～120℃和140～150℃三组峰值（聂逢君等，2017）；东胜铀矿含矿砂岩中石英自生加大边和方解石形成于 41～125℃，包括 40～70℃和 100～125℃两组峰值（吴柏林，2005）；大营铀矿含矿砂岩中方解石的形成温度有 45～60℃和 130～170℃两组峰值（孙莉，2017）；十红滩铀矿中方解石和石英自生加大边形成于 64～117℃，包括 65～90℃和100～115℃两组峰值（吴柏林，2005）；伊犁盆地南缘铀矿中方解石形成于 73～93℃（吴柏林，2005）。这些数据表明，虽然在同一个铀矿的同一类矿物中盐水包裹体均一温度变化范围较大，但总体温度并不高，都有低于 80℃的温度区间，这样的温度适合大多数微生物的生存，为微生物铀矿化提供了可能性。另外，均一温度中较高的数据可能反映铀矿层经历过低温热液的影响，这种流体可能也参与了铀成矿作用或者改造了已形成的铀矿物。

10.4 黄铁矿硫同位素

黄铁矿是铀矿区流体蚀变最重要的金属矿物，常以草莓状和胶状集合体的形式出现。虽然在成岩期、矿化期和矿后期都有黄铁矿的形成，但铀矿物基本伴随着黄铁矿一同出现，且基本与草莓状和胶状黄铁矿交互共生。黄铁矿的含量也常常与铀含量呈正相关性，在砂岩型铀矿各分带中，矿化带黄铁矿含量最高，原生带次之，氧化带最低（吴柏林，2005）。这说明含矿砂岩中部分黄铁矿是与铀矿物同时形成的，可以根据黄铁矿的形成条件来推测铀成矿条件。

黄铁矿的硫同位素组成可以指示其来源。钱家店铀矿中黄铁矿的 $\delta^{34}S$ 值为 $-41.4‰\sim-19.3‰$，白兴吐铀矿中黄铁矿的 $\delta^{34}S$ 值为 $-72.0‰\sim24.8‰$（吴仁贵等，2012；Bonnetti et al.，2017a），东胜铀矿中黄铁矿的 $\delta^{34}S$ 值为 $-39.2‰\sim27.0‰$（吴柏林，2005；Cai et al.，2007a，2007b；李宏涛，2007），大营铀矿中黄铁矿的 $\delta^{34}S$ 值为 $-37.4‰\sim-11.6‰$（陈超等，2016），十红滩铀矿中黄铁矿的 $\delta^{34}S$ 值为 $-27.6‰\sim27.2‰$（吴柏林，2005），伊犁盆地南缘的铀矿中黄铁矿的 $\delta^{34}S$ 值为 $-32.2‰\sim-0.5‰$（吴柏林，2005）。这些 $\delta^{34}S$ 值变化范围很大，表明黄铁矿的成因比较复杂，但其中都包含大量 $\delta^{34}S$ 的值小于 $-17‰$，这些富 ^{32}S 的黄铁矿的形成与硫酸盐还原菌密切相关，进而可以推测出铀矿物的形成也有硫酸盐还原菌参与。

10.5 碳酸盐胶结物碳同位素

这些铀矿的部分含矿砂岩被碳酸盐胶结，其中方解石占最大比例，还有少量的白云石、铁白云石和菱铁矿。与黄铁矿类似，这些自生碳酸盐矿物常与铀矿物伴生，尤其是方解石常与铀矿物交互共生。白云石、铁白云石和菱铁矿可呈自形粒状和胶状，只有少数与铀矿物共生。碳酸盐的碳同位素组成是其成因的有效指标，可以用它间接地推测出铀矿物的形成条件。

钱家店铀矿中方解石的 $\delta^{13}C$ 值为 $-21.6‰\sim-0.4‰$（李宏涛，2007，Zhao et al.，2018），白兴吐铀矿中碳酸盐混合物的 $\delta^{13}C$ 值为 $-10.5‰\sim-2.7‰$（吴仁贵等，2012），东胜铀矿中方解石的 $\delta^{13}C$ 值为 $-27.6‰\sim-1.4‰$（吴柏林，2005；Cai et al.，2007a，2007b），大营铀矿中方解石的 $\delta^{13}C$ 值为 $-13.5‰\sim-4.4‰$（孙莉，2017），十红滩铀矿中碳酸盐混合物的 $\delta^{13}C$ 值为 $-10.7‰\sim-3.4‰$（吴柏林，2005），伊犁盆地南缘的铀矿中碳酸盐混合物的 $\delta^{13}C$ 值为 $-13.8‰\sim-7.3‰$（吴柏林，2005）。含矿砂岩中这些自生碳酸盐矿物的 $\delta^{13}C$ 值变化较大，除了表明有些成因是由于不同类型的碳酸盐矿物混合所致，也表明它的成因并不单一。不过这些铀矿中基本都有 $\delta^{13}C$ 值小于 $-10‰$ 的情况，说明这些碳酸盐中的碳部分是来自有机质的氧化，这些有机质包括含矿层中的碳质碎屑和侵入含矿层的油气。

10.6　铀矿与煤、石油及天然气藏的空间关系

现有的找矿实践表明，铀矿与煤、石油和天然气常具有一定的空间关系，含铀地层通常位于煤层和油气藏之上，或二者位于同一层位。含矿砂岩中石油包裹体的发现进一步指示了含矿地层中曾经有过油气的充注。

钱家店铀矿和白兴吐铀矿位于上白垩统姚家组中，在其下伏的下白垩统九佛堂组、沙海组油气自生自储，并且在构造活动中沿 NNE 向断裂的向上覆地层运移（田晓玲等，2001）。钱家店铀矿床含矿砂岩中吸附在砂岩骨架颗粒上的石油，以及封闭在方解石胶结物油气包裹体中的烃类，便是来自下白垩统烃源岩，并且后期的石油来自九佛堂组。鄂尔多斯盆地北部的东胜铀矿和大营铀矿赋存于中侏罗统直罗组，石油产出的层位有下侏罗统富县组、延安组和上三叠统延长组，天然气赋存层位有中下二叠统下石盒子组和上石炭统太原组（吴柏林，2005）。吐哈盆地十红滩铀矿赋存于中下侏罗统水西沟群，石油的赋存层位有中二叠统桃东沟群、中三叠统克拉玛依组、中下侏罗统水西沟群，天然气层位有中三叠统克拉玛依组、中下侏罗统水西沟群、中侏罗统三间房组和七克台组（吴柏林，2005）。与吐哈盆地类似，伊犁盆地中下侏罗统水西沟群不仅含铀矿，还含有煤层，而且是油气重要的生、储层。此外，伊犁盆地的生油层还有中上三叠统小泉沟群和下二叠统铁木里克组，油气储层还有中上三叠统小泉沟群和上二叠统下仓房沟群（吴柏林，2005）。

铀矿赋存层位与区域内的煤层、油气生、储层的这种空间关系，使有机含矿层为铀矿层提供有机还原剂带来了方便。在较高温度（大于 120℃）下，有机质能直接还原 U（Ⅵ）；在微生物活跃的较低温度（小于 80℃）下，进入铀矿层中的油气还可以为微生物的活动提供一定的能量物质基础，进而参与到微生物铀矿化作用中。

10.7　铀成矿与油气运移的时间关系

前文已述，钱家店铀矿、白兴吐铀矿、东胜铀矿、大营铀矿、十红滩铀矿和伊犁盆地南缘的铀矿的含矿层中都曾有过少量的油气充注事件发生，油气的充注时间与铀矿的形成时间存在一定关系。

前文基于电子探针化学测年法得到的钱家店铀矿的成矿年龄为 43～28 Ma 和

19～3 Ma，即铀成矿作用主要发生在中—晚古近纪和新近纪。钱家店凹陷区域内下白垩统烃源岩的排烃自晚白垩末期开始（田晓玲等，2001），并由于持续的构造隆升和间歇性的构造加剧，油气多次向上覆地层运移，长期影响着含矿的姚家组地层。

东胜铀矿中铀矿石 U-Pb 同位素测年结果认为铀矿化可以分为三期（吴柏林，2005）：第一期为 124±6～107±16 Ma，即早白垩世；第二期为 85±2～74±14 Ma，即晚白垩世；第三期为 20±2～8±1 Ma，即中新世。通过对油气充注年龄的研究发现，东胜地区油气充注年龄也分为三期：第一期为 136.8～117.9 Ma，即早白垩世；第二期为 99.1～82.7 Ma，即晚白垩世；第三期为 32.4±3.24 Ma，即晚古近纪—早新近纪。

十红滩铀矿成矿年龄可分为三期（吴柏林，2005）：第一期为 104±1 Ma，即早白垩世晚期；第二期为 48±2 Ma、28±4 Ma、24±1 Ma，即渐新世；第三期为 7±0 Ma，即上新世。区域内的油气充注分为两期：第一期为 143.8±2.5 Ma，即晚侏罗纪末；第二期为 72.2～84 Ma，即晚白垩纪。

伊犁盆地南缘铀成矿年龄可分为三期（吴柏林，2005）：第一期为 108±9～66 Ma，即白垩世；第二期为 25～15 Ma、19 Ma、12±4 Ma、12～3 Ma，即新近系；第三期为 2～0.7 Ma，即第四纪。区域内的油气充注发生在 136.8～124.4 Ma，即晚侏罗世—早白垩世。

以上数据表明，铀成矿时间与区域内的油气运移充注时间具有一定相关性，铀成矿发生在油气充注的同时，或者晚于油气充注。这与前文分析的油气作为有机还原剂直接还原成矿，或油气作为微生物的部分能量来源间接参与铀成矿的推测一致。

10.8　小结

中国北方典型砂岩型铀矿普遍具有潜在的微生物成矿作用。铀矿床具有类似的基础地质特征，含矿地层多位于区域内煤层和油气储层之上，或者位于同一层位。含矿地层中富含碳质碎屑，并有过油气的充注，油气充注与铀矿化同时进行或早于铀矿化，有机含矿层为铀矿化提供了有机还原剂。含矿层在低温时期均发生过铀矿化作用，与铀矿物同时形成的黄铁矿大多为细菌硫酸盐还原作用的产物，油气作为微生物生存的部分能量来源参与了铀矿化，被微生物降解的石油烃类还为方解石胶结物的形成提供了部分碳源。

参考文献

蔡建芳，聂逢君，杨文达，等，2013. 开鲁坳陷宝龙山地区铀矿化特征及控矿因素分析[J]. 东华理工大学学报（自然科学版），36（1）：10-16.

蔡煜琦，李胜祥，2008. 钱家店铀矿床含矿地层——姚家组沉积环境分析[J]. 铀矿地质，24（2）：66-72.

陈超，刘洪军，侯惠群，等，2016. 鄂尔多斯盆地北部直罗组黄铁矿与砂岩型铀矿化关系研究[J]. 地质学报，90（12）：3375-3380.

陈方鸿，张明瑜，林畅松，2005. 开鲁盆地钱家店凹陷含铀岩系姚家组沉积环境及其富铀意义[J]. 沉积与特提斯地质，25（3）：74-79.

陈文学，李永林，张辉，等，2002. 焉耆盆地侏罗系包裹体与油气运聚期次的关系[J]. 石油与天然气地质，23（3）：241-243.

陈肇博，赵凤民，2002. 可地浸型铀矿床的形成模式和在中国的找矿前景[J]. 国外铀金地质，19（3）：127-133.

陈志，2015. 芽胞杆菌修复铅、铀和亚甲基蓝污染的相关机制研究[D]. 福州：福建农林大学.

迟元林，云金表，蒙启安，2002. 松辽盆地深部结构及成盆动力学与油气聚集[M]. 北京：石油工业出版社.

窦继忠，张复新，贾恒，2005. 内蒙古东胜砂岩型铀矿后生成矿与油气关系[J]. 西北地质，38（4）：65-71.

冯晓异，黄建新，王士艳，等，2007. 铀的生物成矿作用及成矿过程中矿质元素循环[J]. 微生物学杂志，27（3）：77-82.

付勇，魏帅超，金若时，等，2016. 我国砂岩型铀矿分带特征研究现状及存在问题[J]. 地质学报，90（12）：3519-3544.

高瑞祺，蔡希源，1997. 松辽盆地油气田形成条件与分布规律[M]. 北京：石油工业出版社.

何颖，沈先荣，刘琼，等，2014. 微生物与铀的相互作用及其应用前景[J]. 环境科学与技术，37（10）：62-68.

侯读杰，冯子辉，2011. 油气地球化学[M]. 北京：石油工业出版社.

姜在兴，2010. 沉积学[M]. 北京：石油工业出版社，26.

焦养泉，吴立群，彭云彪，等，2015. 中国北方古亚洲构造域中沉积型铀矿形成发育的沉积—构造背景综合分析[J]. 地学前缘，22（1）：189-205.

靳新娣，朱和平，2000. 岩石样品中 43 种元素的高分辨率等离子质谱测定[J]. 分析化学，28（5）：563-567.

李宏涛，2007. 油气、微生物与砂岩型铀矿形成关系研究——以东胜铀矿床和钱家店铀矿床为例[D]. 北京：中国科学院地质与地球物理研究所.

李宏涛，吴世祥，蔡春芳，等，2008. 开鲁盆地钱家店凹陷姚家组砂岩中烃类地球化学特征及来源探讨[J]. 石油实验地质，30（4）：375-381.

李怀渊，张守鹏，李海明，2000. 铀—油相伴性探讨[J]. 地质论评，46（4）：355-361.

李胜祥，欧光习，韩效忠，等，2006. 伊犁盆地油气与地浸砂岩型铀矿成矿关系研究[J]. 地质学报，80（1）：112-129.

李盛富，张蕴，2004. 砂岩型铀矿床中铀矿物的形成机理[J]. 铀矿地质，20（2）：80-84，90.

李文君，靳新娣，崔敏利，等，2012. BIF 微量稀土元素分析方法及其在冀东司家营铁矿中的应用[J]. 岩石学报，28（11）：3670-3678.

梁文华，2003. 昌参 2 井九佛堂组原油的地球化学特征及油源对比[J]. 新疆石油学院学报，15（4）：22-25.

刘俊平，邱余波，周剑，等，2015. 蒙其古尔铀矿床砂岩型铀矿生物成矿作用探讨[J]. 科学技术与工程，15（26）：115-119.

罗天明，肖乾华，1998. 辽河外围陆家堡坳陷生油岩有机质丰度及类型研究[J]. 地质找矿论丛，13（3）：67-78.

罗孝俊，杨卫东，李荣西，等，2001. pH 对长石溶解度及次生孔隙发育的影响[J]. 矿物岩石地球化学通报，（2）：103-107.

罗毅，何中波，马汉峰，等，2012. 松辽盆地钱家店砂岩型铀矿成矿地质特征[J]. 矿床地质，31（2）：391-400.

罗毅，马汉峰，夏毓亮，等，2007. 松辽盆地钱家店铀矿床成矿作用特征及成矿模式[J]. 铀矿地质，23（4）：193-200.

马金莲，马晨，汤佳，等，2015. 电子穿梭体介导的微生物胞外电子传递：机制及应用[J]. 化学进展，27（12）：1833-1840.

苗培森，李建国，汤超，等，2017. 中国北方中新生代盆地深部砂岩铀矿成矿条件与找矿方向[J]. 地质通报，36（10）：1830-1840.

闵茂中，Xu H F，Barton L L，等，2004. 厌氧菌 *Shewcenella putrefaciens* 还原 U（Ⅵ）的实验研究：应用于中国层间氧化带砂岩型铀矿[J]. 中国科学 D 辑：地球科学，34（2）：125-129.

闵茂中，彭新建，王金平，等，2003. 铀的微生物成矿作用研究进展[J]. 铀矿地质，19（5）：257-263.

闵茂中，王守春，张富生，1995. 某淋积铀矿床中铀石的形成条件[J]. 南京大学学报，31（1）：103-108.

闵茂中，吴燕玉，张文兰，等，1999. 铀石—沥青铀矿稠密韵律生长环带及其成因意义[J]. 矿物学报，19（1）：15-19.

聂逢君，严兆彬，夏菲，等，2017. 内蒙古开鲁盆地砂岩型铀矿热流体作用[J]. 地质通报，36（10）：1850-1866.

欧光习，李林强，孙玉梅，2006. 沉积盆地流体包裹体研究的理论与实践[J]. 矿物岩石地球化学通报，25（1）：1-11.

庞雅庆，2007. 东胜铀矿床和钱家店铀矿床后生蚀变特征及其与铀成矿关系[D]. 北京：核工业北京地质研究院.

庞雅庆，向东伟，李田港，等，2007. 钱家店铀矿床漂白砂岩成因探讨[J]. 世界核地质科学，24（3）：142-146，171.

荣辉，焦养泉，吴立群，等，2016. 松辽盆地南部钱家店铀矿床后生蚀变作用及其对铀成矿的约束[J]. 地球科学，41（1）：153-166.

沈才卿，赵凤民，1985. 17～115℃沥青铀矿的合成及其形成速度的实验研究[J]. 铀矿地质，1（3）：1-10.

史婷婷，成建梅，解习农，等，2012. 松辽盆地北部地层水同位素特征及其地质意义[J]. 沉积学报，30（2）：399-404.

孙莉，2017. 鄂尔多斯盆地大营砂岩型铀矿地质特征及其成因探讨[D]. 西安：西北大学.

汤葵联，1992. 生物成矿作用研究综述[J]. 矿床地质，11（1）：93-96.

田晓玲，汪国文，邹荷丽，2001. 钱家店凹陷胡力海洼陷成藏条件分析[J]. 特种油气藏，8（4）：13-16.

魏思华，1979. 中国铀矿物[M]. 北京：原子能出版社：65.

翁海蛟，蔡建芳，王莉，等，2015. 松辽盆地西南部会田召地区砂岩型铀矿床地质特征与成矿模式[J]. 铀矿地质，31（3）：377-383.

吴柏林，2005. 中国西北地区中新生代盆地砂岩型铀矿地质与成矿作用[D]. 西安：西北大学.

吴柏林，刘池洋，王建强，2007. 层间氧化带砂岩型铀矿流体地质作用的基本特点[J]. 中国科学 D 辑：地球科学，37（A01）：157-165.

吴柏林，魏安军，胡亮，等，2014. 油气耗散作用及其成岩成矿效应：进展、认识与展望[J]. 地质论评，2014，60（6）：1199-1211.

吴福元，李惠民，2000. 松辽盆地基底岩石的锆石 U-Pb 年龄[J]. 科学通报，45（6）：656-660.

吴仁贵，蔡建芳，于振清，等，2011. 松辽盆地白兴吐铀矿床热液蚀变及矿物组成研究[J]. 铀矿地质，27（2）：74-80.

吴仁贵，徐喆，宫文杰，等，2012. 松辽盆地白兴吐铀矿床成因讨论[J]. 铀矿地质，28（3）：142-147.

夏毓亮，2015. 钱家店铀矿床[M]. 北京：中国原子能出版社.

夏毓亮，林锦荣，刘汉彬，等，2003. 中国北方主要产铀盆地砂岩型铀矿成矿年代学研究[J]. 铀矿地质，19（3）：129-136，160.

夏毓亮，郑纪伟，李子颖，等，2010. 松辽盆地钱家店铀矿床成矿特征和成矿模式[J]. 矿床地质，29（S1）：154-155.

肖新建，2004. 东胜地区砂岩铀矿低温流体成矿作用地球化学研究[D]. 北京：核工业北京地质研究院.

肖新建，李子颖，方锡珩，等，2004. 东胜砂岩型铀矿床低温热液流体的证据及意义[J]. 矿物岩石地球化学通报，23（4）：301-304.

徐喆，吴仁贵，余达淦，等，2011. 松辽盆地砂岩型铀矿床的热液作用特征——以宝龙山地段砂岩铀矿为例[J]. 东华理工大学学报（自然科学版），34（3）：201-208.

杨晓勇，凌明星，赖小东，2009. 鄂尔多斯盆地东胜地区地浸砂岩型铀矿成矿模型[J]. 地学前缘，16（2）：239-249.

殷敬红，张辉，昝国军，等，2000. 内蒙古东部开鲁盆地钱家店凹陷铀矿成藏沉积因素分析[J].

古地理学报，2（4）：76-83.

尹金双，向伟东，欧光习，等，2005. 微生物、有机质、油气与砂岩型铀矿[J]. 铀矿地质，10
　　（5）：274，257-265.

于文斌，2009. 松辽盆地南部白垩系砂岩型铀矿成矿条件研究[D]. 长春：吉林大学.

俞凯，侯洪斌，郭念发，等，2002. 松辽盆地南部断陷层系石油天然气地质[M]. 北京：石油工
　　业出版社.

曾允孚，夏文杰，1986. 沉积岩石学[M]. 北京：地质出版社.

张健，宋晗，邓洪，等，2018. 铀与微生物相互作用研究进展[J]. 矿物岩石地球化学通报，37
　　（1）：55-62.

张来明，2016. 白垩纪—古近纪古气候演化与生物灭绝——来自中国东部若干陆相盆地的证据
　　[D]. 北京：中国地质大学（北京）.

张立平，黄第藩，廖志勤，1999. 伽马蜡烷—水体分层的地球化学标志[J]. 沉积学报，17（1）：
　　136-140.

张龙，2017. 鄂尔多斯盆地北部天然气逸散与铀成矿效应[D]. 西安：西北大学.

张明瑜，郑纪伟，田时丰，等，2005. 开鲁坳陷钱家店铀矿床铀的赋存状态及铀矿形成时代研
　　究[J]. 铀矿地质，21（4）：213-218.

张如良，丁万烈，1994. 努和廷式铀矿床地质特征及其油气水与铀成矿作用探讨[J]. 铀矿地质，
　　21（5）：287-295，274.

张永旺，曾溅辉，郭建宇，2009a. 低温条件下长石溶解模拟实验研究[J]. 地质论评，55（1）：
　　134-142.

张永旺，曾溅辉，张善文，等，2009b. 长石溶解模拟实验研究综述[J]. 地质科技情报，28（1）：
　　31-37.

张玉明，2006. 茫汉断陷烃源岩特征及生烃潜力分析[J]. 天然气工业，26（10）：30-32.

张玉燕，刘红旭，修晓茜，2016. 我国北西部地区层间氧化带砂岩型铀矿床微生物与铀成矿作
　　用研究初探[J]. 地质学报，90（12）：3508-3518.

张振芳，冯庆来，方念乔，等，2001. 滇西南昌宁—孟连带三叠纪牡音河组硅质岩地球化学特
　　征及沉积环境[J]. 地球科学：中国地质大学学报，26（5）：449-455.

赵凤民，沈才卿，1986. 黄铁矿与沥青铀矿的共生条件及在沥青铀矿形成过程中所起作用的实
　　验研究[J]. 铀矿地质，2（4）：193-199.

赵龙，2018. 松辽盆地钱家店砂岩型铀矿床中微生物和油气参与铀成矿作用研究[D]. 北京：中国科学院大学.

赵忠华，刘广传，崔长远，1998. 松辽盆地西南部层间氧化带砂岩型铀矿找矿方向[J]. 矿物岩石地球化学通报，17（3）：156-159.

郑纪伟，2010. 开鲁盆地钱家店铀矿床成矿地质条件及勘探潜力分析[J]. 铀矿地质，26（4）：193-200.

周洪波，毛峰，王玉光，2015. 嗜酸微生物与生物冶金技术[J]. 矿物岩石地球化学通报，34（2）：269-276.

Abdelouas A，Lu Y M，Lutze W，et al.，1998. Reduction of U（Ⅵ）to U（Ⅳ）by indigenous bacteria in contaminated ground water[J]. Journal of Contaminant Hydrology，35（1-3）：217-233.

Ahmed B，Cao B，Mclean J S，et al.，2012. Fe（Ⅲ）reduction and U（Ⅵ）immobilization by *Paenibacillus* sp. strain 300A，isolated from Hanford 300A subsurface sediments[J]. Applied Environmental Microbiology，78（22）：8001-8009.

Alessi D S，Lezama-Pacheco J S，Stubbs J E，et al.，2014. The product of microbial uranium reduction includes multiple species with U（Ⅳ）–phosphate coordination[J]. Geochimica et Cosmochimica Acta，131（15）：115-127.

Alessi D S，Uster B，VeeramanI H，et al.，2012. Quantitative separation of monomeric U（Ⅳ）from UO$_2$ in products of U（Ⅵ）reduction[J]. Environmental Science & Technology，46（11）：6150-6157.

Alexandre P，Kyser T K，2005. Effects of cationic substitutions and alteration in uraninite，and implications for the dating of uranium deposits[J]. the Canadian Mineralogist，43（3）：1005-1017.

Ali A M，Padmanabhan E，Baioumy H，2017. Characterization of alkali-induced quartz dissolution rates and morphologies[J]. Arabian Journal for Science and Engineering，42（6）：2501-2513.

Alloway B J，2013. Uranium[M]//Alloway B J. Heavy Metals in Soils. Berlin：Springer- Verlag：565-577.

Anderson R F，1987. Redox behavior of uranium in an anoxic marine basin[J]. Uranium，3（2-4）：145-164.

Anderson R F，Fleisher M Q，Lehuray A P，1989. Concentration，oxidation state，and particulate flux of uranium in the Black Sea[J]. Geochimica et Cosmochimica Acta，53（9）：2215-2224.

Aplin A C，Coleman M L，1995. Sour gas and water chemistry of the Bridport Sands reservoir，Wytch Farm，UK[J]. Geological Society Special Publication，（86）：303-314.

Appukuttan D，Rao A S，Apte S K，2007. Engineering of Deinococcus radiodurans R1 for bioprecipitation of uranium from dilute nuclear waste[J]. Applied Environmental Microbiology，72（12）：7873-7878.

Bader M，Müller K，Foerstendorf H，et al.，2017. Multistage bioassociation of uranium onto an extremely halophilic archaeon revealed by a unique combination of spectroscopic and microscopic techniques[J]. Journal of Hazardous Materials，327：225-232.

Banfield J F，Zhang H，2001. Nanoparticles in the environment[J]. Reviews in Mineralogy and Geochemistry，44（1）：1-58.

Bargar J R，Williams K H，Campbell K M，et al.，2013. Uranium redox transition pathways in acetate-amended sediments[J]. Proceedings of the National Academy of Sciences of the United States of America，110（12）：4506-4511.

Basnakova G，Stephens E R，Thaller M C，et al.，1998. The use of Escherichia coli bearing a phoN gene for the removal of uranium and nickel from aqueous flows[J]. Applied Microbiology and Biotechnology，50：266-272.

Beazley M J，Martinez R J，Sobecky P A，et al.，2007. Uranium biomineralization as a result of bacterial phosphatase activity: insights from bacterial isolates from a contaminated subsurface[J]. Environmental Science & Technology，41（16）：5701-5707.

Beazley M J，Martinez R J，Sobecky P A，et al.，2009. Nonreductive biomineralization of uranium（Ⅵ）phosphate via microbial phosphatase activity in anaerobic conditions[J]. Geomicrobiology Journal，26（7）：431-441.

Beazley M J，Martinez R J，Webb S M，et al.，2011. The effect of pH and natural microbial phosphatase activity on the speciation of uranium in subsurface soils[J]. Geochimica et Cosmochimica Acta，75（19）：5648-5663.

Begg J D C，Burke I T，Lloyd J R，et al.，2011. Bioreduction behavior of U（Ⅵ）sorbed to sediments[J]. Geomicrobiology Journal，28（2）：160-171.

Beliaev A S，Saffarini D A，Mclaughlin J L，et al.，2001. MtrC，an outer membrane decahaem c cytochrome required for metal reduction in Shewanella putrefaciens MR-1[J]. Molecular Microbiology, 39 (3): 722-730.

Bernier-Latmani R, Veeramani H, Vecchia E D, et al., 2010. Non-uraninite products of microbial U (VI) reduction[J]. Environmental Science & Technology, 44 (24): 9456-9462.

Beveridge T J, Murray R G, 1980. Sites of metal deposition in the cell wall of Bacillus subtilis[J]. Journal of Bacteriology, 141 (2): 876-887.

Bhargava S K, Rama R, Pownceby M, et al., 2015. A review of acid leaching of uraninite[J]. Hydrometallurgy, 151: 10-24.

Blanc P H, Connan J, 1992. Origin and occurrence of 25-norhopanes: a statistical study[J]. Organic Geochemistry, 18 (6): 813-828.

Bolliger C, Schroth M H, Bernasconi S M, et al., 2001. Sulfur isotope fractionation during microbial sulfate reduction by toluene-degrading bacteria[J]. Geochimica et Cosmochimica Acta, 65 (19): 3289-3298.

Bonnetti C, Cuney M, Bourlange S, et al., 2017b. Primary uranium sources for sedimentary-hosted uranium deposits in NE China: insight from basement igneous rocks of the Erlian Basin[J]. Mineralium Deposita, 52 (3): 297-315.

Bonnetti C, Cuney M, Michels R, et al., 2015. The multiple roles of sulfate-reducing bacteria and Fe-Ti oxides in the genesis of the Bayinwula roll front-type uranium deposit, Erlian basin, NE China[J]. Economic Geology, 110 (4): 1059-1081.

Bonnetti C, Liu X D, Yan Z B, et al., 2017a. Coupled uranium mineralisation and bacterial sulphate reduction for the genesis of the Baxingtu sandstone-hosted U deposit, SW Songliao Basin, NE China[J]. Ore Geology Reviews, 82: 108-129.

Bonnetti C, Malartre F, Huault V, et al., 2014. Sedimentology, stratigraphy and palynological record of the Late Cretaceous Erlian Formation, Erlian Basin, Inner Mongolia, People's Republic of China[J]. Cretaceous Research, 48: 177-192.

Bowell R J, Grogan J, Hutton-Ashkenny M, et al., 2011. Geometallurgy of uranium deposits[J]. Minerals Engineering, 24 (12): 1305-1313.

Bowles J F W, 1990. Age dating of individual grains of uraninite in rocks from electron microprobe analyses[J]. Chemical Geology, 83 (1-2): 47-53.

Bowles J F W, 2015. Age dating from electron microprobe analyses of U, Th, and Pb: Geological advantages and analytical difficulties[J]. Microscopy and Microanalysis, 21: 1114-1122.

Boyanov M I, Fletcher K E, Kwon M J, et al., 2011. Solution and microbial controls on the formation of reduced U（IV）species[J]. Environmental Science & Technology, 45（19）: 8336-8344.

Brookins D G, 1975. Coffinite-uraninite stability relations in grants mineral belt, New-Mexico[J]. American Association of Petroleum Geologists Bulletin, 59（5）: 905.

Brooks J D, Gould K, Smith J W, 1969. Isoprenoid hydrocarbons in coal and petroleum[J]. Nature, 222: 257-259.

Brugger J, Burns P C, Meisser N, 2003. Contribution to the mineralogy of acid drainage of Uranium minerals: Marecottite and the zippeite-group[J]. American Mineralogist, 88（4）: 676-685.

Brutinel E D, Gralnick J A, 2012. Shuttling happens: soluble flavin mediators of extracellular electron transfer in Shewanella[J]. Applied Microbiology and Biotechnology, 93（1）: 41-48.

Burgos W D, Mcdonough J T, Senko J M, et al., 2008. Characterization of uraninite nanoparticles produced by Shewanella oneidensis MR-1[J]. Geochimica et Cosmochimica Acta, 72（20）: 4901-4915.

Burns P C, 2001. A new uranyl sulfate chain in the structure of uranopilite[J]. The Canadian Mineralogist, 39（4）: 1139-1146.

Burns P C, 2005. U^{6+} minerals and inorganic compounds: Insights into an expanded structural hierarchy of crystal structures[J]. The Canadian Mineralogist, 43（6）: 1839-1894.

Burns P C, 2011. Nanoscale uranium-based cage clusters inspired by uranium mineralogy[J]. Mineralogical Magazine, 75（1）: 1-25.

Burns P C, Ewing R C, Hawthorne F C, 1997. The crystal chemistry of hexavalent uranium: polyhedron geometries, bond-valence parameters, and polymerization of polyhedral[J]. The Canadian Mineralogist, 35: 1551-1570.

Burns P C, Finch R J, 1999. Wyartite: Crystallographic evidence for the first pentavalent-uranium mineral[J]. American Mineralogist, 84（9）: 1456-1460.

Cai C, Dong H, Li H, et al., 2007b. Mineralogical and geochemical evidence for coupled bacterial uranium mineralization and hydrocarbon oxidation in the Shashagetai deposit, NW China[J]. Chemical Geology, 236（1-2）: 167-179.

Cai C，Hu W，Worden R H，2001. Thermochemical sulphate reduction in Cambro-Ordovician carbonates in Central Tarim[J]. Marine and Petroleum Geology，18（6）：729-741.

Cai C，Li H，Qin M，et al.，2007a. Biogenic and petroleum-related ore-forming processes in Dongsheng uranium deposit，NW China[J]. Ore Geology Reviews，32（1-2）：262-274.

Cai C，Mei B，Li W，et al.，1997. Water-rock interaction in Tarim Basin：Constraints from oilfield water geochemistry[J]. Chinese Journal of Geochemistry，16（4）：289-303.

Cai C，Worden R H，Wang Q，et al.，2002. Chemical and isotopic evidence for secondary alteration of natural gases in the Hetianhe Field，Bachu Uplift of the Tarim Basin[J]. Organic Geochemistry，33（12）：1415-1427.

Cai C，Zhang C，Cai L，et al.，2009. Origins of palaeozoic oils in the Tarim Basin：evidence from sulfur isotopes and biomarkers[J]. Chemical Geology，268（3）：197-210.

Canfield D E，2001. Biogeochemistry of sulfur isotopes[J]. Reviews in Mineralogy and Geochemistry，43（1）：607-636.

Cao B F，Bai G P，Zhang K X，et al.，2016. A comprehensive review of hydrocarbons and genetic model of the sandstone-hosted Dongsheng uranium deposit，Ordos Basin，China[J]. Geofluids，16（3）：624-650.

Carlson H K，Iavarone A T，Gorur A，et al.，2012. Surface multiheme c-type cytochromes from Thermincola potens and implications for respiratory metal reduction by Gram-positive bacteria[J]. Proceedings of the National Academy of Sciences of the United States of America，109（5）：1702-1707.

Cason E D，Piater L A，Van Heerden E，2012. Reduction of U（Ⅵ）by the deep subsurface bacterium，Thermus scotoductus SA-01，and the involvement of the ABC transporter protein[J]. Chemosphere，86（6）：572-577.

Chapelle F H，Lovley D R，1992. Competitive exclusion of sulfate reduction by Fe（Ⅲ）-reducing bacteria：a mechanism for producing discrete zones of high-iron ground water[J]. Groundwater，30（1）：29-36.

Childers S E，Ciufo S，Lovley D R，2002. Geobacter metallireducens accesses insoluble Fe（Ⅲ）oxide by chemotaxis[J]. Nature，416：767-769.

Chosson P，Connan J，Dessort D，et al.，1992. In vitro biodegradation of steranes and terpanes：a clue to understanding geological situations[M]//Moldowan J M, Albrecht P, Philp R P. Biological Markers in Sediments and Petroleum. New Jersey: Prentice Hall: 320-349.

Choudhary S, Sar P, 2011. Uranium biomineralization by a metal resistant Pseudomonas aeruginosa strain isolated from contaminated mine waste[J]. Journal of Hazardous Materials, 186 (1): 336-343.

Choudhary S, Sar P, 2015. Interaction of uranium (VI) with bacteria: potential applications in bioremediation of U contaminated oxic environments[J]. Reviews in Environmental Science and Bio/Technology, 14 (3): 347-355.

Cocherie A, Mezeme E B, Legendre O, et al., 2005. Electron-microprobe dating as a tool for determining the closure of Th-U-Pb systems in migmatitic monazites[J]. American Mineralogist, 90 (4): 607-618.

Cologgi D L, Lampa-Pastirk S, Speers A M, et al., 2011. Extracellular reduction of uranium via Geobacter conductive pili as a protective cellular mechanism[J]. Proceedings of the National Academy of Sciences of the United States of America, 108 (37): 15248-15252.

Coplen T, Kendall C, Hopple J, 1983. Comparison of stable isotope reference samples[J]. Nature, 302 (5905): 236-238.

Craig H, 1953. The geochemistry of the stable carbon isotopes[J]. Geochimica et Cosmochimica Acta, 3 (2): 53-92.

Cross A, Jaireth S, Rapp R, et al., 2011. Reconnaissance-style EPMA chemical U-Th-Pb dating of uraninite[J]. Australian Journal of Earth Sciences, 58 (6): 675-683.

Cumberland S A, Douglas G, Grice K, et al., 2016. Uranium mobility in organic matter-rich sediments: A review of geological and geochemical processes[J]. Earth-Science Reviews, 159: 160-185.

Cuney M, 2010. Evolution of uranium fractionation processes through time: driving the secular variation of uranium deposit types[J]. Economic Geology, 105 (3): 553-569.

Curiale J A, Bloch S, Rafalska-Bloch J, et al., 1983. Petroleum-related origin for uraniferous organic-rich nodules of southwestern Oklahoma[J]. American Association of Petroleum Geologists Bulletin, 67 (4): 588-608.

Dahlkamp F J, 1993. Uranium ore deposits[M]. Berlin: Springer-Verlag.

Dai J，Song Y，Dai C，et al.，1996. Geochemistry and Accumulation of Carbon Dioxide Gases in China[J]. American Association of Petroleum Geologists Bulletin，80（10）：1615-1625.

Deditius A P，Utsunomiya S，Ewing R C，2008. The chemical stability of coffinite，$USiO_4 \cdot nH_2O$；$0<n<2$，associated with organic matter：A case study from Grants uranium region，New Mexico，USA[J]. Chemical Geology，251（1-4）：33-49.

Deng C L，He H Y，Pan Y X，et al.，2013. Chronology of the terrestrial Upper Cretaceous in the Songliao Basin，Northeast Asia[J]. Palaeogeography，Palaeoclimatology，Palaeoecology，385：44-54.

Derome D，Cuney M，Cathelineau M，et al.，2003. A detailed fluid inclusion study in silicified breccias from the Kombolgie sandstones（Northern Territory，Australia）：inferences for the genesis of middle-Proterozoic unconformity-type uranium deposits[J]. Journal of Geochemical Exploration，80（2-3）：259-275.

Didyk B M，Simoneit B R T，Brassell S C，et al.，1978. Organic geochemical indicators of palaeoenvironmental conditions of sedimentation[J]. Nature，272：216-222.

Dreissig I，Weiss S，Hennig C，et al.，2011. Formation of uranium（IV）-silica colloids at near-neutral pH[J]. Geochimica et Cosmochimica Acta，75（2）：352-367.

Ehrlich H L，1990. Geomicrobiology[M]. 2nd ed. New York：Marcel Dekker.

Eiler J M，Schiano P，Kitchen N，et al.，2000. Oxygen-isotope evidence for recycled crust in the sources of mid-ocean-ridge basalts[J]. Nature，403（6769）：530-534.

Eldridge C S，Compston W，Williams I S，et al.，1995. Applications of the SHRIMP I ion microprobe to the understanding of processes and timing of diamond formation[J]. Economic Geology，90（2）：271-280.

Elless M P，Lee S Y，1998. Uranium solubility of carbonate-rich uranium-contaminated soils[J]. Water，Air，and Soil Pollution，107（1-4）：147-162.

Evans K A，Mccuaig T C，Leach D，et al.，2013. Banded iron formation to iron ore：A record of the evolution of Earth environments？[J]. Geology，41（2）：99-102.

Evins L Z，Jensen K A，2012. Review of spatial relations between uraninite and coffinite-implications for alteration mechanisms[J]. MRS Online Proceedings Library，1475：89-96.

Fayek M，Horita J，Ripley E M，2011. The oxygen isotopic composition of uranium minerals：A review[J]. Ore Geology Reviews，41（1）：1-21.

Feng L J，Chu X L，Huang J，et al.，2010. Reconstruction of paleo-redox conditions and early sulfur cycling during deposition of the Cryogenian Datangpo Formation in South China[J]. Gondwana Research，18（4）：632-637.

Feng L J，Li C，Huang J，et al.，2014. A sulfate control on marine mid-depth euxinia on the early Cambrian（ca. 529-521 Ma）Yangtze platform，South China[J]. Precambrian Research，246：123-133.

Ferris C S，Ruud C O，1971. Brannerite：its occurrences and recognition by microprobe[J]. Colorado School of Mines Quarterly，66：1-35.

Finch R J，Murakami T，1999. Systematics and paragenesis of uranium minerals[M]//Burns P C，Finch R J. Uranium：mineralogy，geochemistry and the environment. Washington D.C.：Mineralogical Society of America：91-179.

Fomina M，Gadd G M，2014. Biosorption：current perspectives on concept，definition and application[J]. Bioresource Technology，160：3-14.

Francis A J，Dodge C J，Lu F，et al.，1994. XPS and XANES studies of uranium reduction by *Clostridium* sp.[J]. Environmental Science & Technology，28（4）：636-639.

Fredrickson J K，Zachara J M，Kennedy D W，et al.，2000. Reduction of U（Ⅵ）in goethite（α-FeOOH）suspensions by a dissimilatory metal-reducing bacterium[J]. Geochimica et Cosmochimica Acta，64（18）：3085-3098.

Friedman I，O'neil J R，1977. Compilation of stable isotope fractionation factors of geochemical interest[M]//Fleischer M. Data of geochemistry. Washington：United States Government Printing Office：12.

Frimmel H E，Schedel S，Brätz H，2014. Uraninite chemistry as forensic tool for provenance analysis[J]. Applied Geochemistry，48：104-121.

Frost R L，Čejka J，Weier M L，et al.，2005. Vibrational spectroscopy of selected natural uranyl vanadates[J]. Vibrational Spectroscopy，39（2）：131-138.

Gadd G M，2009. Biosorption：critical review of scientific rationale，environmental importance and significance for pollution treatment[J]. Journal of Chemical Technology and Biotechnology，84（1）：13-28.

Gavrilov S N，Lloyd J R，Kostrikina N A，et al.，2012. Fe（Ⅲ）oxide reduction by a Gram-positive thermophile: physiological mechanisms for dissimilatory reduction of poorly crystalline Fe（Ⅲ） oxide by a thermophilic Gram-positive bacterium Carboxydothermus ferrireducens[J]. Geomicrobiology Journal，29（9）：804-819.

George S C，Ahmed M，Liu K，et al.，2004. The analysis of oil trapped during secondary migration[J]. Organic Geochemistry，35（11）：1489-1511.

George S C，Krieger F W，Eadington P J，et al.，1997. Geochemical comparison of oil-bearing fluid inclusions and produced oil from the Toro sandstone，Papua New Guinea[J]. Organic Geochemistry，26（3-4）：155-173.

George S C，Lisk M，Eadington P J，et al.，1998. Geochemistry of a Palaeo-oil Column: Octavius 2，Vulcan Sub-basin[C]//Purcell P G，Purcell R P. The Sedimentary Basins of Western Australia. Proceedings of the Petroleum Exploration Society of Australia Symposium，Perth，Western Australia：195-210.

Goldhaber M B，Hemingway B S，Mobagheghi A，et al.，1987. Origin of coffinite in sedimentary rocks by a sequential adsorption-reduction mechanism[J]. Bulletin de Mineralogie，110（2-3）：131-144.

Goldhaber M B，Kaplan I R，1974. The sedimentary sulfur cycle[M]//Goldberg E D. The Sea. New Jersey：John Wiley & Sons：569-655.

Goldstein R H，2001. Fluid inclusions in sedimentary and diagenetic systems[J]. Lithos，55（1）：159-193.

Gorman-Lewis D，Burns P C，Fein J B，2008a. Review of uranyl mineral solubility measurements[J]. The Journal of Chemical Thermodynamics，40（3）：335-352.

Gorman-Lewis D，Fein J B，Burns P C，et al.，2008b. Solubility measurements of the uranyl oxide hydrate phases metaschoepite，compreignacite，Na-compreignacite，becquerelite，and clarkeite[J]. The Journal of Chemical Thermodynamics，40（6）：980-990.

Gorman-Lewis D，Mazeina L，Fein J B，et al.，2007. Thermodynamic properties of soddyite from solubility and calorimetry measurements[J]. The Journal of Chemical Thermodynamics，39（4）：568-575.

Gorman-Lewis D，Shvareva T，Kubatko K A，et al.，2009. Thermodynamic properties of autunite， uranyl hydrogen phosphate, and uranyl orthophosphate from solubility and calorimetric measurements[J]. Environmental Science & Technology, 43（19）: 7416-7422.

Granger H C, Santos E S, Dean B G, et al., 1961. Sandstone-type uranium deposits at Ambrosia Lake, New Mexico—an interim report[J]. Economic Geology, 56（7）: 1179-1210.

Grassia G S, Mclean K M, Glénat P, et al., 1996. A systematic survey for thermophilic fermentative bacteria and archaea in high temperature petroleum reservoirs[J]. FEMS Microbiology Ecology, 21（1）: 47-58.

Gross E B, 1956. Mineralogy and paragensis of the uranium ore, Mi Vida Mine, San Juan County, Utah[J]. Economic Geology, 51（7）: 632-648.

Hansley P L, Spirakis C S, 1992. Organic matter diagenesis as the key to a unifying theory for the genesis of tabular uranium-vanadium deposits in the Morrison Formation, Colorado Plateau[J]. Economic Geology, 87（2）: 352-365.

Harrison A G, THODE H G, 1957. The kinetic isotope effect in the chemical reduction of sulphate[J]. Transactions of the Faraday Society, 53: 1648-1651.

Harrison A G, Thode H G, 1958. Mechanism of the bacterial reduction of sulphate from isotope fractionation studies[J]. Transactions of the Faraday Society, 54: 84-92.

Heider J, Spormann A M, Beller H R, et al., 1998. Anaerobic bacterial metabolism of hydrocarbons[J]. FEMS Microbiology Reviews, 22（5）: 459-473.

Hellmann R, 1994. The albite-water system: part I. the kinetics of dissolution as a function of pH at 100, 200 and 300°C[J]. Geochimica et Cosmochimica Acta, 58（2）: 595-611.

Hirota R, Kuroda A, Kato J, et al., 2010. Bacterial phosphate metabolism and its application to phosphorus recovery and industrial bioprocesses[J]. Journal of Bioscience and Bioengineering, 109（5）: 423-432.

Hoefs J, 2015. Stable isotope geochemistry[M]. Berlin: Springer.

Hu H, Wang R C, Chen W F, et al., 2013. Timing of hydrothermal activity associated with the Douzhashan uranium-bearing granite and its significance for uranium mineralization in northeastern Guangxi, China[J]. Chinese Science Bulletin, 58（34）: 4319-4328.

Hutchens E, Valsami-Jones E, Harouiya N, et al., 2006. An experimental investigation of the effect of Bacillus Megaterium on apatite dissolution[J]. Geomicrobiology Journal, 19: 343-367.

Ilger J D，Ilger W A，Zingaro R A，et al.，1987. Modes of occurrence of uranium in carbonaceous uranium deposits：Characterization of uranium in a south Texas（U.S.A.）lignite[J]. Chemical Geology，63（3-4）：197-216.

ISLAM E，SAR P，2016. Diversity，metal resistance and uranium sequestration abilities of bacteria from uranium ore deposit in deep earth stratum[J]. Ecotoxicology and Environmental Safety，127：12-21.

Istok J D，Senko J M，Krumholz L R，et al.，2004. In situ bioreduction of technetium and uranium in a nitrate-contaminated aquifer[J]. Environmental Science & Technology，38（2）：468-475.

Jaffey A H，Flynn K F，Glendenin L E，et al.，1971. Precision measurement of half-lives and specific activities of ^{235}U and ^{238}U[J]. Physical Review C，4（5）：1889-1906.

Jaireth S，Roach I C，Bastrakov E，et al.，2015. Basin-related uranium mineral systems in Australia：A review of critical features[J]. Ore Geology Reviews，76：360-394.

Janeczek J，Ewing R C，1992a. Structural formula of uraninite[J]. Journal of Nuclear Materials，190：128-132.

Janeczek J，Ewing R C，1992b. Dissolution and alteration of uraninite under reducing conditions[J]. Journal of Nuclear Materials，20：157-173.

Jeon B H，Kelly S D，Kemner K M，et al.，2004. Microbial reduction of U（Ⅵ）at the solid-water interface[J]. Environmental Science & Technology，38（21）：5649-5655.

Jeong B C，Hawes C，Bonthrone K M，et al.，1997. Localization of enzymically enhanced heavy metal accumulation by *Citrobacter* sp. and metal accumulation in vitro by liposomes containing entrapped enzyme[J]. Microbiology，143（7）：2497-2507.

Jercinovic M J，Williams M L，2005. Analytical perils（and progress）in electron microprobe trace element analysis applied to geochronology：Background acquisition，interferences，and beam irradiation effects[J]. American Mineralogist，90（4）：526-546.

Jiang S，Kim M G，Kim S J，et al.，2011. Bacterial formation of extracellular U（Ⅵ）nanowires[J]. Chemical Communications，47（28）：8076-8078.

Jin R，Miao P，Sima X，et al.，2016. Structure styles of Mesozoic-Cenozoic U-bearing rock series in Northern China[J]. Acta Geologica Sinica（English Edition），90（6）：2104-2116.

Jouffret L，Shao Z M，Rivenet M，et al.，2010. New three-dimensional inorganic frameworks based on the uranophane-type sheet in monoamine templated uranyl-vanadates[J]. Journal of Solid State Chemistry, 183 (10): 2290-2297.

Kaplan I R, Emery K O, Rittenbebg S C, 1963. The distribution and isotopic abundance of sulphur in recent marine sediments off southern California[J]. Geochimica et Cosmochimica Acta, 27 (4): 297-312, IN1, 313-331.

Kaplan I R, Rittenberg S C, 1964. Microbiological fractionation of sulphur isotopes[J]. Microbiology, 34 (2): 195-212.

Karlsen D A, Nedkvitne T, Larter S R, et al., 1993. Hydrocarbon composition of authigenic inclusions: Application to elucidation of petroleum reservoir filling history[J]. Geochimica et Cosmochimica Acta, 57 (15): 3641-3659.

Kazy S K, D'souza S F, Sar P, 2009. Uranium and thorium sequestration by a *Pseudomonas* sp.: Mechanism and chemical characterization[J]. Journal of Hazardous Materials, 163 (1): 65-72.

Kelly S D, Kemner K M, Carley J, et al., 2008. Speciation of uranium in sediments before and after in situ biostimulation[J]. Environmental Science & Technology, 42 (5): 1558-1564.

Kelly S D, Wu W M, Yang F, et al., 2009. Uranium transformations in static microcosms[J]. Environmental Science & Technology, 44 (1): 236-242.

Kempe U, 2003. Precise electron microprobe age determination in altered uraninite: consequences on the intrusion age and the metallogenic significance of the Kirchberg granite (Erzgebirge, Germany) [J]. Contributions to Mineralogy and Petrology, 145 (1): 107-118.

Khijniak T V, Slobodkin A I, Coker V, et al., 2005. Reduction of uranium (VI) phosphate during growth of the thermophilic bacterium Thermoterrabacterium ferrireducens[J]. Applied and Environmental Microbiology, 71: 6423-6426.

Kiyosu Y, 1980. Chemical reduction and sulfur-isotope effects of sulfate by organic matter under hydrothermal conditions[J]. Chemical Geology, 30 (1-2): 47-56.

Kiyosu Y, Krouse H R, 1990. The role of organic acid in the abiogenic reduction of sulfate and the sulfur isotope effect[J]. Geochemical Journal, 24 (1): 21-27.

Krouse H R, Viau C A, Eliuk L S, et al., 1988. Chemical and isotopic evidence of thermochemical sulphate reduction by light hydrocarbon gases in deep carbonate reservoirs[J]. Nature, 333: 415-419.

Langmuir D，1978. Uranium solution-mineral equilibria at low temperatures with applications to sedimentary ore deposits[J]. Geochimica et Cosmochimica Acta，42（6）：547-569.

Langmuir D，1997. Aqueous Environmental Geochemistry[M]. New Jersey：Prentice Hall.

Law G T W，Geissler A，Burke I T，et al.，2011. Uranium redox cycling in sediment and biomineral systems[J]. Geomicrobiology Journal，28（5-6）：497-506.

Leang C，Qian X，Mester T，et al.，2010. Alignment of the c-type cytochrome OmcS along pili of Geobacter sulfurreducens[J]. Applied and Environmental Microbiology，76（12）：4080-4084.

Leroux L J，Glendenin L E，1963. Half-life of Th-232[C]//Warren F L. Proceedings National Conference on Nuclear Energy：Application of Isotopes and Radiation. Pretoria，South Africa：Atomic Energy Board：83-94.

Lesbros-Piat-desvial M，Beaudoin G，Mercadier J，et al.，2017. Age and origin of uranium mineralization in the Camie River deposit（Otish Basin，Québec，Canada）[J]. Ore Geology Reviews，91：196-215.

Li H M，Yang X Q，Li L X，et al.，2015. Desilicification and iron activation–reprecipitation in the high-grade magnetite ores in BIFs of the Anshan-Benxi area，China：Evidence from geology，geochemistry and stable isotopic characteristics[J]. Journal of Asian Earth Sciences，113：998-1016.

Li H W，Feng L J，Li T J，et al.，2014. Combination of sealed-tube decrepitation with continuous-flow isotope ratio mass spectrometry for carbon isotope analyses of CO_2 from fluid inclusions in minerals[J]. Analytical Methods，6（13）：4504-4506.

Li S Q，Chen F K，Siebel W，et al.，2012. Late Mesozoic tectonic evolution of the Songliao basin，NE China：Evidence from detrital zircon ages and Sr-Nd isotopes[J]. Gondwana Research，22（3-4）：943-955.

Liang X，Hillier S，Pendlowski H，et al.，2015. Uranium phosphate biomineralization by fungi[J]. Environmental Microbiology，17（6）：2064-2075

Lloyd J R，Chesnes J，Glasauer S，et al.，2002. Reduction of actinides and fission products by Fe（III）-reducing bacteria[J]. Geomicrobiology Journal，19（1）：103-120.

Lloyd J R，Leang C，Myerson A L H，et al.，2003. Biochemical and genetic characterization of PpcA，a periplasmic c-type cytochrome in Geobacter sulfurreducens[J]. Biochemical Journal，369（1）：

153-161.

Locock A J, Burns P C, 2003. Crystal structures and synthesis of the copper-dominant members of the autunite and meta-autunite groups: torbernite, zeunerite, metatorbernite and metazeunerite[J]. The Canadian Mineralogist, 41 (2): 489-502.

Locock A J, Skanthakumar S, Burns P C, et al., 2004. Syntheses, structures, magnetic properties, and X-ray absorption spectra of carnotite-type uranyl chromium (Ⅴ) oxides: A[(UO$_2$)$_2$Cr$_2$O$_8$] (H$_2$O)$_n$ (A = K$_2$, Rb$_2$, Cs$_2$, Mg; n = 0, 4) [J]. Chemistry of Materials, 16 (7): 1384-1390.

Lovley D R, 2011. Live wires: direct extracellular electron exchange for bioenergy and the bioremediation of energy-related contamination[J]. Energy & Environmental Science, 4 (12): 4896-4906.

Lovley D R, Giovannoni S J, White D C, et al., 1993a. *Geobacter metallireducens* gen. nov. sp. nov., a microorganism capable of coupling the complete oxidation of organic compounds to the reduction of iron and other metals[J]. Archives of Microbiology, 159: 336-344.

Lovley D R, Phillips E J P, 1988. Novel mode of microbial energy metabolism: organic carbon oxidation coupled to dissimilatory reduction of iron or manganese[J]. Applied and Environmental Microbiology, 54 (6): 1472-1480.

Lovley D R, Phillips E J P, 1992a. Reduction of uranium by desulfovibrio desulfuricans[J]. Applied and Environmental Microbiology, 58 (3): 850-856.

Lovley D R, Phillips E J P, 1992b. Bioremediation of uranium contamination with enzymatic uranium reduction[J]. Environmental Science & Technology, 26 (11): 2228-2234.

Lovley D R, Phillips E J P, Gorby Y A, et al., 1991. Microbial reduction of uranium[J]. Nature, 350 (6317): 413-416.

Lovley D R, Widman P K, Woodward J C, et al., 1993b. Reduction of uranium by cytochrome c3 of Desulfovibrio vulgaris[J]. Applied and Environmental Microbiology, 59 (11): 3572-3576.

Ludwig K R, Grauch R I, 1980. Coexisting coffinite and uraninite in some sandstone-hosted uranium ores of Wyoming[J]. Economic Geology, 75 (2): 296-302.

Macaskie L E, Bonthrone K M, Rouch D A, 1994. Phosphatase-mediated heavy metal accumulation by a *Citrobacter* sp. and related enterobacteria[J]. FEMS Microbiology Letters, 121 (2): 141-146.

Macaskie L E, Bonthrone K M, Yong P, et al., 2000. Enzymically mediated bioprecipitation of uranium by a *Citrobacter* sp.: a concerted role for exocellular lipopolysaccharide and associated phosphatase in biomineral formation[J]. Microbiology, 146 (8): 1855-1867.

Macaskie L E, Empson R M, Cheetham A K, et al., 1992. Uranium bioaccumulation by a Citrobacter sp. as a result of enzymically mediated growth of polycrystalline HUO_2PO_4[J]. Science, 257 (5071): 782-784.

Machel H G, Krouse H R, Sassen R, 1995. Products and distinguishing criteria of bacterial and thermochemical sulfate reduction[J]. Applied Geochemistry, 10 (4): 373-389.

Mackenzie A S, Patience R L, Maxwell J R, et al., 1980. Molecular parameters of maturation in the Toarcian shales, Paris Basin, France – I. Changes in the configuration of acyclic isoprenoid alkanes, steranes, and triterpanes[J]. Geochimica et Cosmochimica Acta, 44: 1709-1721.

Macmillan E, Cook N J, Ehrig K, et al., 2017. Chemical and textural interpretation of late-stage coffinite and brannerite from the Olympic Dam IOCG-Ag-U deposit[J]. Mineralogical Magazine, 81 (6): 1323-1366.

Madden A S, Smith A C, Balkwill D L, et al., 2007. Microbial uranium immobilization independent of nitrate reduction[J]. Environmental Microbiology, 9 (9): 2321-2330.

Madden A S, Swindle A L, Beazley M J, et al., 2012. Long-term solid-phase fate of co-precipitated U (VI) -Fe (III) following biological iron reduction by *Thermoanaerobacter*[J]. American Mineralogist, 97 (10): 1641-1652.

Marshall M J, Beliaev A S, Dohnalkova A C, et al., 2006. *c*-Type cytochrome-dependent formation of U (IV) nanoparticles by *Shewanella oneidensis*[J]. PLoS Biology, 4 (8): 1324-1333.

Martinez R J, Beazley M J, Taillefert M, et al., 2007. Aerobic uranium (VI) bioprecipitation by metal-resistant bacteria isolated from radionuclide- and metal-contaminated subsurface soils[J]. Environmental Microbiology, 9 (12): 3122-3133.

Mccready R G L, 1975. Sulphur isotope fractionation by Desulfovibrio and Desulfotomaculum species[J]. Geochimica et Cosmochimica Acta, 39 (10): 1395-1401.

Mccready R G L, Kaplan I R, Din G A, 1974. Fractionation of sulfur isotopes by the yeast Saccharomyces cerevisiae[J]. Geochimica et Cosmochimica Acta, 38 (8): 1239-1253.

Mckenna E J, Kallio R E, 1965. The biology of hydrocarbons[J]. Annual Reviews in Microbiology,

19（1）：183-208.

Mehta T，Coppi M V，Childers S E，et al.，2005. Outer membrane c-type cytochromes required for Fe（Ⅲ）and Mn（Ⅳ）oxide reduction in Geobacter sulfurreducens[J]. Applied and Environmental Microbiology，71（12）：8634-8641.

Merroun M L，Selenska-Pobell S，2008. Bacterial interactions with uranium：An environmental perspective[J]. Journal of Contaminant Hydrology，102（3-4）：285-295.

Milner C W D，Rogers M A，Evans C R，1977. Petroleum transformations in reservoirs[J]. Journal of Geochemical Exploration，7（2）：101-153.

Milodowski A E，West J M，Pearce J M，et al.，1990. Uranium-mineralized microorganisms associated with uraniferous hydrocarbons in southwest Scotland[J]. Nature，347（6292）：465-467.

Min M Z，Luo X Z，Mao S L，et al.，2001. An excellent fossil wood cell texture with primary uranium minerals at a sandstone-hosted roll-type uranium deposit，NW China[J]. Ore Geology Reviews，17（4）：233-239.

Min M，Chen J，Wang J，et al.，2005a. Mineral paragenesis and textures associated with sandstone-hosted roll-front uranium deposits，NW China[J]. Ore Geology Reviews，26（1）：51-69.

Min M，Fang C，Fayek M，2005c. Petrography and genetic history of coffinite and uraninite from the Liueryiqi granite-hosted uranium deposit，SE China[J]. Ore Geology Reviews，26（3-4）：187-197.

Min M，Xu H，Chen J，et al.，2005b. Evidence of uranium biomineralization in sandstone-hosted roll-front uranium deposits，northwest China[J]. Ore Geology Reviews，26（3）：198-206.

Mohagheghi A，Updegraff D M，Goldhaber M B，1985. The role of sulfate-reducing bacteria in the deposition of sedimentary uranium ores[J]. Geomicrobiology Journal，4（2）：153-173.

Moldowan J M，Mccaffrey M A，1995. A novel microbial hydrocarbon degradation pathway revealed by hopane demethylation in a petroleum reservoir[J]. Geochimica et Cosmochimica Acta，59（9）：1891-1894.

Moldowan J M，Seifert W K，Gallegos E J，1985. Relationship between petroleum composition and depositional environment of petroleum source rocks[J]. American Association of Petroleum Geologists Bulletin，69：1255-1268.

Montel J M, Kornprobst J, Vielzeuf D, 2000. Preservation of old U-Th-Pb ages in shielded monazite: example from the Beni Bousera Hercynian kinzigites (Morocco) [J]. Journal of Metamorphic Geology, 18 (3): 335-342.

Muehlenbachs K, Clayton R N, 1976. Oxygen isotope composition of the oceanic crust and its bearing on seawater[J]. Journal of Geophysical Research, 81 (23): 4365-4369.

Munz I A, 2001. Petroleum inclusions in sedimentary basins: systematics, analytical methods and applications[J]. Lithos, 55 (1): 195-212.

Murakami T, Ohnuki T, Isobe H, et al., 1997. Mobity of uranium during weathering[J]. American Mineralogist, 82 (9-10): 888-899.

Myers C R, Nealson K H, 1988. Bacterial manganese reduction and growth with manganese oxide as the sole electron acceptor[J]. Science, 240 (4857): 1319-1321.

Nakashima S, Disnar J R, Perruchot A, et al., 1984. Experimental study of mechanisms of fixation and reduction of uranium by sedimentary organic matter under diagenetic or hydrothermal conditions[J]. Geochimica et Cosmochimica Acta, 48 (11): 2321-2329.

NEA-IAEA, 2018. Uranium 2018: Resources, Production and Demand[R]. Paris: Organization for Economic Co-operation and Development.

NEA-IAEA, 2020. Uranium 2020: Resources, Production and Demand[R]. Paris: Organization for Economic Co-operation and Development.

Nealson K H, Stahl D A, 1997. Microorganisms and biogeochemical cycles: What can we learn from layered microbial communities? [M]//Banfield J F, Nealson K H. Geomicrobiology: Interactions between microbes and minerals Vol. 35. Washington D.C.: Mineralogical Society of America: 5-34.

Neretin L N, Böttcher M E, Grinenko V A, 2003. Sulfur isotope geochemistry of the Black Sea water column[J]. Chemical geology, 200 (1): 59-69.

Newsome L, Morris K, Lloyd J R, 2014. The biogeochemistry and bioremediation of uranium and other priority radionuclides[J]. Chemical Geology, 363: 164-184.

Nielsen L P, Risgaard-Petersen N, Fossing H, et al., 2010. Electric currents couple spatially separated biogeochemical processes in marine sediment[J]. Nature, 463: 1071-1074.

Noble R, Alexander R, Kagi R I, 1985. The occurrence of bisnorhopane, trisnorhopane and

25-norhopanes as free hydrocarbons in some Australian shales[J]. Organic Geochemistry，8（2）：171-176.

Northrop H R，Goldhaber M B，1990. Genesis of the tabular-type vanadium-uranium deposits of the henry basin，Utah[J]. Economic Geology，85：215-269.

O'brien T J，Williams P A，1981. The aqueous chemistry of uranium minerals. Part 3. Monovalent cation zippeites[J]. Inorganic and Nuclear Chemistry Letters，17（3-4）：105-107.

O'brien T J，Williams P A，1983. The aqueous chemistry of uranium minerals. 4. Schröckingerite，grimselite，and related alkali uranyl carbonates[J]. Mineralogical Magazine，47（342）：69-73.

Orellana R，Leavitt J J，Comolli L R，et al.，2013. U（VI）reduction by diverse outer surface c-type cytochromes of Geobacter sulfurreducens[J]. Applied and Environmental Microbiology，79（20）：6369-6374.

Orr W L. 1974. Changes in sulfur content and isotopic ratios of sulfur during petroleum maturation-study of Big Horn basin Paleozoic oils[J]. American Association of Petroleum Geologists Bulletin，58（11）：2295-2318.

Ourisson G，Albrecht P，Rohmer M，1979. The hopanoids. Palaeochemistry and biochemistry of a group of natural products[J]. Pure and Applied Chemistry，51：709-729.

Ourisson G，Albrecht P，Rohmer M，1984. The microbial origin of fossil fuels[J]. Scientific American，251：44-51.

Özkendir O M，2010. Electronic structure analysis of USiO[J]. Communications in Theoretical Physics，53（5）：903.

Palmer S E，1993. Effect of biodegradation and water washing on crude oil composition[M]//Engle M H，Macko S A. Organic Geochemistry. New York：Plenum Press：511-533.

Paterson-Beedle M，Jeong B C，Lee C H，et al.，2012. Radiotolerance of phosphatases of a Serratia sp.：Potential for the use of this organism in the biomineralization of wastes containing radionuclides[J]. Biotechnology and Bioengineering，109（8）：1937-1946.

Pattanapipitpaisal P，Mabbett A N，Finlay J A，et al.，2002. Reduction of Cr(VI)and bioaccumulation of chromium by Gram-positive and Gram-negative microorganisms not previously exposed to Cr-stress[J]. Environmental Technology，23（7）：731-745.

Pei F P，Xu W L，Yang D B，et al.，2007. Zircon U-Pb geochronology of basement metamorphic rocks in the Songliao Basin[J]. Chinese Science Bulletin, 52 (7): 942-948.

Peters K E, Moldowan J M, 1991. Effects of source, thermal maturity, and biodegradation on the distribution and isomerization of homohopanes in petroleum[J]. Organic geochemistry, 17 (1): 47-61.

Peters K E, Walters C C, Moldowan J M, 2005. The biomarker guide: Volume 2, Biomarkers and isotopes in petroleum systems and earth history[M]. Cambridge: Cambridge University Press.

Pettijohn F J, 1957. Sedimentary rocks[M]. New York: Harper Collins Publishers.

Pfeffer C, Larsen S, Song J, et al., 2012. Filamentous bacteria transport electrons over centimetre distances[J]. Nature, 491: 218-221.

PhilP R P, Gilbert T D, 1986. Biomarker distributions in Australian oils predominantly derived from terrigenous source material[J]. Organic Geochemistry, 10: 73-84.

Pointeau V, Deditius A P, Miserque F, et al., 2009. Synthesis and characterization of coffinite[J]. Journal of Nuclear Materials, 393 (3): 449-458.

Powell T G, Mckirdy D M, 1973. Relationship between ratio of pristane to phytane, crude oil composition and geological environment in Australia[J]. Nature, 243: 37-39.

Powers L G, Mills H J, Palumbo A V, et al., 2002. Introduction of a plasmid-encoded phoA gene for constitutive overproduction of alkaline phosphatase in three subsurface *Pseudomonas isolates*[J]. FEMS Microbiology Ecology, 41 (2): 115-123.

Price F T, Shieh Y N, 1979. The distribution and isotopic composition of sulfur in coals from the Illinois Basin[J]. Economic Geology, 74 (6): 1445-1461.

Racki G, Cordey F, 2000. Radiolarian palaeoecology and radiolarites: is the present the key to the past? [J]. Earth-Science Reviews, 52 (1-3): 83-120.

Rackley R I, 1972. Environment of Wyoming tertiary uranium deposits[J]. American Association of Petroleum Geologists Bulletin, 56 (4): 755-774.

Radke M, Welte D H, 1983. The methylphenanthrene index (MPI). A maturity parameter based on aromatic hydrocarbons[M]//Bjorøy M, Albrecht C, Cornford C, et al. Advances in Organic Geochemistry. New Jersey: John Wiley & Sons: 504-512.

Radke M, Welte D H, Willsch H, 1986. Maturity parameters based on aromatic hydrocarbons: influence of the organic matter type[J]. Organic Geochemistry, 10 (1): 51-63.

Ram R, Charalambous F A, Mcmaster S, et al., 2013. Chemical and micro-structural characterisation studies on natural uraninite and associated gangue minerals[J]. Minerals Engineering, 45: 159-169.

Ray A E, Bargar J R, Sivaswamy V, et al., 2011. Evidence for multiple modes of uranium immobilization by an anaerobic bacterium[J]. Geochimica et Cosmochimica Acta, 75 (10): 2684-2695.

Reguera G, Mccarthy K D, Mehta T, et al., 2005. Extracellular electron transfer via microbial nanowires[J]. Nature, 435: 1098-1101.

Reith F, Rogers S L, Mcphail D C, et al., 2006. Biomineralization of gold: biofilms on bacterioform gold[J]. Science, 313 (5784): 233-236.

Renshaw J C, Butchins L J C, Livens F R, et al., 2005. Bioreduction of uranium: environmental implications of a pentavalent intermediate[J]. Environmental Science & Technology, 39 (15): 5657-5660.

Reynolds R L, Goldhaber M B, 1983. Iron disulfide minerals and the genesis of roll-type uranium deposits[J]. Economic Geology, 78 (1): 105-120.

Reynolds R L, Goldhaber M B, Carpenter D J, 1982. Biogenic and nonbiogenic ore-forming processes in the south Texas uranium district: evidence from the Panna Maria deposit[J]. Economic Geology, 77 (3): 541-556.

Richter K, Schicklberger M, Gescher J, 2012. Dissimilatory reduction of extracellular electron acceptors in anaerobic respiration[J]. Applied Environmental Microbiology, 78: 913-921.

Roh C, Kang C K, Lloyd J R, 2015. Microbial bioremediation processes for radioactive waste[J]. Korean Journal of Chemical Engineering, 32 (9): 1720-1726.

Romanek C S, Grossman E L, Morse J W, 1992. Carbon isotopic fractionation in synthetic aragonite and calcite: effects of temperature and precipitation rate[J]. Geochimica et Cosmochimica Acta, 56 (1): 419-430.

Roy S, Venkatesh A S, 2009. Mineralogy and geochemistry of banded iron formation and iron ores from eastern India with implications on their genesis[J]. Journal of Earth System Science, 118 (6): 619-641.

Rubinson M, Clayton R N, 1969. Carbon-13 fractionation between aragonite and calcite[J].

Geochimica et Cosmochimica Acta，33（8）：997-1002.

Rueter P，Rabus R，Wilkest H，et al.，1994. Anaerobic oxidation of hydrocarbons in crude oil by new types of sulphate-reducing bacteria[J]. Nature，372（6505）：455-458.

Rullkötter J，Wendisch D，1982. Microbial alteration of 17α（H）-hopanes in Madagascar asphalts：removal of C-10 methyl group and ring opening[M]. Geochimica et Cosmochimica Acta，46（9）：1545-1553.

Salome K R，Green S J，Beazley M J，et al.，2013. The role of anaerobic respiration in the immobilization of uranium through biomineralization of phosphate minerals[J]. Geochimica et Cosmochimica Acta，106：344-363.

Sanford R A，Wu Q，Sung Y，et al.，2007. Hexavalent uranium supports growth of *Anaeromyxobacter dehalogenans* and *Geobacter* spp. with lower than predicted biomass yields[J]. Environmental Microbiology，9（11）：2885-2893.

Sani R K，Peyton B M，Smith W A，et al.，2002. Dissimilatory reduction of Cr（Ⅵ），Fe（Ⅲ），and U（Ⅵ）by Cellulomonas isolates[J]. Applied Microbiology and Biotechnology，60：192-199.

Schiewer S，Volesky B，2000. Biosorption processes for heavy metal removal[M]//Lovley D R. Environmental microbe-metal interactions. Washington D.C. ： American Society of Microbiology：329-362.

Schofield E J，Veeramani H，Sharp J O，et al.，2008. Structure of biogenic uraninite produced by Shewanella oneidensis strain MR-1[J]. Environmental Science & Technology，42（21）：7898-7904.

Schulz B，Von Raumer J F，2011. Discovery of Ordovician-Silurian metamorphic monazite in garnet metapelites of the Alpine External Aiguilles Rouges Massif[J]. Swiss Journal of Geosciences，104（1）：67-79.

Seal R R，2006. Sulfur isotope geochemistry of sulfide minerals[J]. Reviews in Mineralogy and Geochemistry，61（1）：633-677.

Seifert W K，Moldowan J M，1978. Applications of steranes，terpanes and monoaromatics to the maturation，migration and source of crude oils[J]. Geochimica et Cosmochimica Acta，42（1）：77-95.

Seifert W K，Moldowan J M，1979. The effect of biodegradation on steranes and terpanes in crude oils[J]. Geochimica et Cosmochimica Acta，43（1）：111-126.

Seifert W K，Moldowan J M，1980. The effect of thermal stress on source-rock quality as measured by hopane stereochemistry[J]. Physics and Chemistry of the Earth，12：229-237.

Seifert W K，Moldowan J M，Demaison G J，1984. Source correlation of biodegraded oils[J]. Organic Geochemistry，6：633-643.

Sharp J O，Lezama-Pacheco J S，Schofield E J，et al.，2011. Uranium speciation and stability after reductive immobilization in aquifer sediments[J]. Geochimica et Cosmochimica Acta，75（21）：6497-6510.

Sharp Z，2017. Principles of Stable Isotope Geochemistry[M]. 2nd ed. New Jersey：Pearson Prentice Hall.

Shelobolina E S，Coppi M V，Korenevsky A A，et al.，2007. Importance of c-type cytochromes for U（Ⅵ）reduction by Geobacter sulfurreducens[J]. BMC Microbiology，7：16.

Shelobolina E S，Konishi H，Xu H F，et al.，2009. U（Ⅵ）sequestration in hydroxyapatite produced by microbial glycerol 3-phosphate metabolism[J]. Applied and Environmental Microbiology，75（18）：5773-5778.

Shvareva T Y，Mazeina L，Gorman-Lewis D，et al.，2011. Thermodynamic characterization of boltwoodite and uranophane：Enthalpy of formation and aqueous solubility[J]. Geochimica et Cosmochimica Acta，75（18）：5269-5282.

Sinninghe Damsté J S，Kenig F，Koopmans M P，et al.，1995. Evidence for gammacerane as an indicator of water-column stratification[J]. Geochimica et Cosmochimica Acta，59（9）：1895-1900.

Sivaswamy V，Boyanov M I，Peyton B M，et al.，2011. Multiple mechanisms of uranium immobilization by Cellulomonas sp. strain ES6[J]. Biotechnology and Bioengineering，108（2）：264-276.

Song Y，Ren J Y，Stepashko A A，et al.，2014. Post-rift geodynamics of the Songliao Basin，NE China：Origin and significance of T11（Coniacian）unconformity[J]. Tectonophysics，634：1-18.

Sowmya S，Rekha P D，Arun A B，2014. Uranium（Ⅵ）bioprecipitation mediated by a phosphate solubilizing *Acinetobacter* sp. YU-SS-SB-29 isolated from a high natural background radiation site[J]. International Biodeterioration & Biodegradation，94：134-140.

Spirakis C S, 1996. The roles of organic matter in the formation of uranium deposits in sedimentary rocks[J]. Ore Geology Reviews, 11 (1-3): 53-69.

Spötl C, Vennemann T W, 2003. Continuous-flow isotope ratio mass spectrometric analysis of carbonate minerals[J]. Rapid Communications in Mass Spectrometry, 17 (9): 1004-1006.

Spycher N F, Issarangkun M, Stewart B D, et al., 2011. Biogenic uraninite precipitation and its reoxidation by iron (Ⅲ) (hydr) oxides: A reaction modeling approach[J]. Geochimica et Cosmochimica Acta, 75 (16): 4426-4440.

Stetter K O, Huber R, Blöchl E, et al., 1993. Hyperthermophilic archaea are thriving in deep North Sea and Alaskan oil reservoirs[J]. Nature, 365 (6448): 743-745.

Stieff L R, Stern T W, Sherwood A M, 1955. Preliminary description of coffinite-a new uranium mineral[J]. Science, 121 (3147): 608-609.

Stieff L R, Stern T W, Sherwood A M, 1956. Coffinite, a uranous silicate with hydroxyl substitution: a new mineral[J]. American Mineralogist, 41 (9-10): 675-688.

Suzuki K, Adachi M, 1991. Precambrian provenance and Silurian metamorphism of the Tsubonosawa paragneiss in the South Kitakami terrane, Northeast Japan, revealed by the chemical Th-U-total Pb isochron ages of monazite, zircon and xenotime[J]. Geochemical Journal, 25 (5): 357-376.

Suzuki Y, Banfield J F, 1999. Geomicrobiology of uranium[J]. Reviews in Mineralogy and Geochemistry, 38: 393-432.

Suzuki Y, Banfield J F, 2004. Resistance to, and accumulation of, uranium by bacteria from a uranium-contaminated site[J]. Geomicrobiology Journal, 21 (2): 113-121.

Suzuki Y, Kelly S D, Kemner K M, et al., 2002. Radionuclide contamination: nanometre-size products of uranium bioreduction[J]. Nature, 419: 134.

Suzuki Y, Kelly S D, Kemner K M, et al., 2003. Microbial populations stimulated for hexavalent uranium reduction in uranium mine sediment[J]. Applied and Environment Microbiology, 69 (3): 1337-1346.

Suzuki Y, Kitatsuji Y, Ohnuki T, et al., 2010. Flavin mononucleotide mediated electron pathway for microbial U (Ⅵ) reduction[J]. Physical Chemistry Chemical Physics, 12 (34): 10081-10087.

Suzuki Y, Suko T, 2006. Geomicrobiological factors that control uranium mobility in the environment: Update on recent advances in the bioremediation of uranium-contaminated sites[J].

Journal of Mineralogical and Petrological Sciences, 101: 299-307.

Szenknect S, Mesbah A, Cordara T, et al., 2016. First experimental determination of the solubility constant of coffinite[J]. Geochimica et Cosmochimica Acta, 181: 36-53.

Tebo B M, Obraztsova A Y, 1998. Sulfate-reducing bacterium grows with Cr (VI), U (VI), Mn (IV), and Fe (III) as electron acceptors[J]. FEMS Microbiology Letters, 162 (1): 193-199.

Thomas R A P, Macaskie L E, 1996. Biodegradation of tributyl phosphate by naturally occurring microbial isolates and coupling to the removal of uranium from aqueous solution[J]. Environmental Science & Technology, 30 (7): 2371-2375.

Thorne W S, Hagemann S G, Barley M, 2004. Petrographic and geochemical evidence for hydrothermal evolution of the North Deposit, Mt Tom Price, Western Australia[J]. Mineralium Deposita, 39 (7): 766-783.

Tissot B P, Welte D H, 1984. Petroleum formation and occurrence[M]. New York: Springer-Verlag.

Tokunaga T K, Kim Y, Wan J, 2009. Potential remediation approach for uranium-contaminated groundwaters through potassium uranyl vanadate precipitation[J]. Environmental Science & Technology, 43 (14): 5467-5471.

Tokunaga T K, Kim Y, Wan J, et al., 2012. Aqueous uranium (VI) concentrations controlled by calcium uranyl vanadate precipitates[J]. Environmental Science & Technology, 46 (14): 7471-7477.

Tokunaga T K, Wan J M, Kim Y M, et al., 2008. Influences of organic carbon supply rate on uranium bioreduction in initially oxidizing, contaminated sediment[J]. Environmental Science and Technology, 42 (23): 8901-8907.

Ueno Y, Yamada K, Yoshida N, et al., 2006. Evidence from fluid inclusions for microbial methanogenesis in the early Archaean era[J]. Nature, 440 (7083): 516-519.

Van Groenestijn J W, Vlekke G J F M, Anink D M E, et al., 1988. Role of cations in accumulation and release of phosphate by Acinetobacter strain 210A[J]. Applied Environmental Microbiology, 54 (12): 2894-2901.

VanEngelen M R, Field E K, Gerlach R, et al., 2010. UO_2^{2+} speciation determines uranium toxidity and bioaccumulation in an environmental *Pseudomonas* sp. Isolate[J]. Environmental Toxicology and Chemistry, 29 (4): 763-769.

Vasconcelos C，Mckenzie J A，Warthmann R，et al.，2005. Calibration of the $\delta^{18}O$ paleothermometer for dolomite precipitated in microbial cultures and natural environments[J]. Geology，33（4）：317-320.

Venkateswaran K，Moser D P，Dollhopf M E，et al.，1999. Polyphasic taxonomy of the genus *Shewanella* and description of *Shewanella oneidensis* sp. nov[J]. International Journal of Systematic Bacteriology，49（2）：705-724.

Volkman J K，Alexander R，Kagi R I，et al.，1983a. Demethylated hopanes in crude oils and their applications in petroleum geochemistry[J]. Geochimica et Cosmochimica Acta，47（4）：785-794.

Volkman J K，Alexander R，Kagi R I，et al.，1983b. A geochemical reconstruction of oil generation in the Barrow Sub-basin of Western Australia[J]. Geochimica et Cosmochimica Acta，47（12）：2091-2105.

Von Canstein H，Ogawa J，Shimizu S，et al.，2008. Secretion of flavins by Shewanella species and their role in extracellular electron transfer[J]. Applied and Environmental Microbiology，74（3）：615-623.

Wall J D，Krumholz L R，2006. Uranium reduction[J]. Annual Review of Microbiology，60：149-166.

Wang F，Zhou X H，Zhang L C，et al.，2006. Late Mesozoic volcanism in the Great Xing'an Range （NE China）：timing and implications for the dynamic setting of NE Asia[J]. Earth and Planetary Science Letters，251（1-2）：179-198.

Wang P J，Liu W Z，Wang S X，et al.，2002. 40Ar/39Ar and K/Ar dating on the volcanic rocks in the Songliao basin，NE China：constraints on stratigraphy and basin dynamics[J]. International Journal of Earth Sciences，91（2）：331-340.

Wanty R B，Goldhaber M B，Northrop H R，1990. Geochemistry of vanadium in an epigenetic，sandstone-hosted vanadium-uranium deposit，Henry Basin，Utah[J]. Economic Geology，85（2）：270-284.

Watterson J R，1992. Preliminary evidence for the involvement of budding bacteria in the origin of Alaskan placer gold[J]. Geology，20（4）：315-318.

Welch S A，Taunton A E，Banfield J F，2002. Effect of microorganisms and microbial metabolites on apatite dissolution[J]. Geomicrobiology Journal，19（3）：343-367.

Wenger L M，Davis C L，Isaksen G H，2002. Multiple controls on petroleum biodegradation and impact on oil quality[J]. SPE Reservoir Evaluation & Engineering，5（5）：375-383.

Widdel F，Bak F，1992. Gram-negative mesophilic sulfate-reducing bacteria[M]//Balows A，Trüper H G，Dworkin M，et al. The Prokaryotes. New York：Springer-Verlag：3352-3378.

Wilkins M J，Livens F R，Vaughan D J，et al.，2007. The influence of microbial redox cycling on radionuclide mobility in the subsurface at a low-level radioactive waste storage site[J]. Geobiology，5（3）：293-301.

Williams K H，Bargar J R，Lloyd J R，et al.，2013. Bioremediation of uranium-contaminated groundwater：a systems approach to subsurface biogeochemistry[J]. Current Opinion in Biotechnology，24（3）：489-497.

Williams K H，Long P E，Davis J A，et al.，2011. Acetate availability and its influence on sustainable bioremediation of uranium-contaminated groundwater[J]. Geomicrobiology Journal，28（5-6）：519-539.

Williamson A J，Morris K，Shaw S，et al.，2013. Microbial reduction of Fe（III）under alkaline conditions relevant to geological disposal[J]. Applied and Environmental Microbiology，79（11）：3320-3326.

Wood J R，Boles J R，1991. Evidence for episodic cementation and diagenetic recording of seismic pumping events，north coles levee，California，U.S.A.[J]. Applied Geochemistry，6（5）：509-521.

Woolfolk C A，Whiteley H R，1962. Reduction of inorganic compounds with molecular hydrogen by micrococcus lactilyticus：I. Stoichiometry with compounds of arsenic，selenium，tellurium，transition and other elements[J]. Journal of Bacteriology，84（4）：647-658.

Worden R H，Matray J M，1995. Cross formational flow in the Paris Basin[J]. Basin Research，7（1）：53-66.

Wortmann U G，Bernasconi S M，Böttcher M E，2001. Hypersulfidic deep biosphere indicates extreme sulfur isotope fractionation during single-step microbial sulfate reduction[J]. Geology，29（7）：647-650.

Wu F Y，Sun D Y，Ge W C，et al.，2011. Geochronology of the Phanerozoic granitoids in northeastern China[J]. Journal of Asian Earth Sciences，41（1）：1-30.

Wu F Y，Sun D Y，Li H M，et al.，2001. The nature of basement beneath the Songliao Basin in NE China：geochemical and isotopic constraints[J]. Physics and Chemistry of the Earth，Part A：

Solid Earth and Geodesy, 26 (9-10): 793-803.

Wu W M, Carley J, Luo J, et al., 2007. In situ bioreduction of uranium (Ⅵ) to submicromolar levels and reoxidation by dissolved oxygen[J]. Environmental Science & Technology, 41 (16): 5716-5723.

Wycherley H, Fleet A, Shaw H, 1999. Some observations on the origins of large volumes of carbon dioxide accumulations in sedimentary basins[J]. Marine and Petroleum Geology, 16 (6): 489-494.

Wylie E M, Dawes C M, Burns P C, 2012. Synthesis, structure, and spectroscopic characterization of three uranyl phosphates with unique structural units[J]. Journal of Solid State Chemistry, 196: 482-488.

Xi K, Cao Y, Jahren J, et al., 2015. Diagenesis and reservoir quality of the lower cretaceous quantou formation tight sandstones in the southern Songliao Basin, China[J]. Sedimentary Geology, 330 (C): 90-107.

Xue C J, Chi G X, Xue W, 2010. Interaction of two fluid systems in the formation of sandstone-hosted uranium deposits in the Ordos Basin : Geochemical evidence and hydrodynamic modeling[J]. Journal of Geochemical Exploration, 106 (1-3): 226-235.

Yang D Z, Xia B, Wu G G, 2004. Development characteristics of interlayer oxidation zone type of sandstone uranium deposits in the southwestern Turfan-Hami Basin[J]. Science in China Series D: Earth Sciences, 47 (5): 419-426.

Yong P, Macaskie L E, 1995. Enhancement of uranium bioaccumulation by a *Citrobacter* sp. via enzymically-mediated growth of polycrystalline $NH_4UO_2PO_4$[J]. Journal of Chemical Technology and Biotechnology, 63 (2): 101-108.

Yue S, Wang G, 2011. Relationship between the hydrogeochemical environment and sandstone-type uranium mineralization in the Ili basin, China[J]. Applied Geochemistry, 26 (1): 133-139.

Zengler K, Richnow H H, Rosselló-Mora R, et al., 1999. Methane formation from long-chain alkanes by anaerobic microorganisms[J]. Nature, 401 (6750): 266-269.

Zhang J H, Gao S, Ge W C, et al., 2010. Geochronology of the Mesozoic volcanic rocks in the Great Xing'an Range, northeastern China: Implications for subduction-induced delamination[J]. Chemical Geology, 276 (3-4): 144-165.

Zhang L，Liu C Y，Fayek M，et al.，2017. Hydrothermal mineralization in the sandstone-hosted Hangjinqi uranium deposit，North Ordos Basin，China[J]. Ore Geology Reviews，80：103-115.

Zhao L，Cai C，Jin R，et al.，2018. Mineralogical and geochemical evidence for biogenic and petroleum-related uranium mineralization in the Qianjiadian deposit，NE China[J]. Ore Geology Reviews，101：273-292.

Zheng Y，Anderson R F，Geen A V，et al.，2002. Remobilization of authigenic uranium in marine sediments by bioturbation[J]. Geochimica et Cosmochimica Acta，66（10）：1759-1772.

Zhou J B，Wilde S A，Zhang X Z，et al.，2012. Detrital zircons from phanerozoic rocks of the Songliao Block，NE China：Evidence and tectonic implications[J]. Journal of Asian Earth Sciences，47：21-34.